이미지 스케이프

이미지 스케이프

이미지로 만나는 조경 이야기

초판 1쇄 펴낸날 2022년 3월 31일

지은이 주신하

펴낸이 박명권

펴낸곳 도서출판 한숲 **신고일** 2013년 11월 5일 **신고번호** 제2014-000232호

주소 서울특별시 서초구 방배로 143, 2층

전화 02-521-4626 **팩스** 02-521-4627 **전자우편** klam@chol.com

편집 남기준, 김선욱 **디자인** 팽선민

출력·인쇄 금석커뮤니케이션스

ISBN 979-11-87511-34-2 93520

* 파본은 교환하여 드립니다.

값 22,000원

image
scape

이미지 스케이프

이미지로 만나는 조경 이야기

주신하 글·사진

한숲

지금 '이 순간'을 꼭 기록해 두세요.

눈으로든, 카메라로든.

다시 만나지 못할 순간이니까요.

"사진 잘 보고 있습니다. 연재 한번 해 주시면 좋을 것 같은데요.
한 달에 사진 한 장과 짧은 글이면 충분합니다."

조경과 경관이 전공인 저에게 답사와 촬영은 늘 있는 일입니다. 아무래도 다른 분들에 비해서 사진을 많이 찍는 편이지요. 처음에는 경관 기록이 목적이었는데, 점점 사진을 찍다 보니 사진 자체에 흥미가 생겼습니다. 답사 나가서도 재미를 위한 사진을 찍기도 하고, 아예 일부러 사진 찍으러 나서는 일도 늘었습니다. 그렇게 일과 취미의 중간쯤에서 사진을 찍고 SNS에 공유하고 있던 어느 날, 『환경과조경』의 남기준 편집장으로부터 연락이 온 것입니다. 연재? 내가? 그것도 사진으로? '재미있겠다'와 '부담되겠다'의 짧은 갈등이 있었지만, 사진 한 장이라는 달콤한 유혹에 솔깃해져 덥석 하겠다고 승낙했던 기억이 나네요. '어차피 사진 찍어서 페이스북에 올리던 건데 뭐 어렵겠어'하는 생각이었던 것 같습니다. 내심 결과물을 모아 나중에 전시를 하거나 책을 펴내면 좋겠다는 생각도 있었고요. 물론 이 경솔한 답변을 후회하기까지는 그리 오래 걸리지 않았습니다.

이렇게 2015년 3월 시작한 연재는 2020년 3월까지 계속 되었습니다. 연재 기간이 보통 1~2년, 길어야 3년 정도라고 하는데 저는 꽤 오랫동안 한 셈입니다. 특별한 의도가 있었다기보다는 연재를 마쳐야 하는 적절한 타이밍을 놓친 탓이겠지요. 이 책은 5년간의 연재로 쌓인 글과 사진을 모은 결과물입니다. 전체 글을 관통하는 거창한 메시지가 있는 것은 아닙니다. 그저 그 시기에 저의 경험과 감정을 사진과 글로 표현한 개별적인 결과물의 모음입니다. 같이 사진을 보면서 조경인들과 나누고 싶은 짧은 휴식, 딱 그 정도 이야기가 아닐까 합니다.

일상, 시간, 이미지, 상상, 장소.

책을 어떻게 구성할까 고민하다가 이렇게 5장으로 구분했습니다. 익숙한 주변 풍경, 시간과 계절의 변화, 카메라로 표현한 시각적인 시도, 사진을 통한 엉뚱한 상상, 딱 그 장소에 관한 이야기. 아주 느슨한 구분이긴 하지만 제가 사진을 찍는 이유에 대해서도 새삼 정리하게 된 것 같습니다. 아마 글을 읽으시는 독자 여러분들에게도 도움이 되실 테지요. 물론 순서대로 읽으실 필요는 전혀 없습니다. 오히려 짧게 부담 없이 가볍게 보시는 걸 더 추천해 드립니다.

연재 글의 특성 때문에 어떤 글은 지금 읽으면 어색하기도 하고, 글의 순서도 연재 때와 달라서 고민이 있었습니다. 글을 고칠까도 생각했는데 그래도 그때의 느낌을 그대로 전달하는 것이 맞겠다 싶어서 내용은 그대로 두고, 대신 글 아래에 사진 제목과 함께 연재 시기를 밝혔습니다. 사진 면에는 촬영 시기, 카메라 기종, 촬영 정보도 같이 적어 두었으니 혹시 사진에 관심 있는 분들은 참고하시면 좋겠습니다.

펼쳐진 책 모양과 잘 맞지 않는 세로 사진도 고민 끝에 사진을 크게 보실 수 있도록 돌려 넣었습니다. 책 읽는 중간에 책을 돌려야 하는 희한한 경험을 하실 수도 있겠네요. 장의 마지막 페이지에는 연재에 싣지 못했지만 제가 좋아하는 사진들을 아쉬움에 조금 더 넣어 보았습니다. 작은 사진들이지만 같이 감상해 주시면 좋겠습니다.

연재 제안부터 마지막 편집까지 큰 역할을 한 『환경과조경』의 남기준 편집장에게 감사의 말씀을 전합니다. 처음부터 거창하게 책을 내자고 했더라면 아마 엄두도 못 냈을 것 같습니다. 그리고 제 연재 글의 열혈 독자이셨던 서영애 소장님, 배정한 교수님, 오형석 소장님, 송영탁 부사장님, 변재상 교수님, 허대영 소장님께도 특별한 감사를 드립니다. 매달 사진과 글에 주신 관심과 격려가 연재를 진행하는 데 정말 큰 힘이 되었습니다. 끝으로 『환경과조경』의 '이미지 스케이프' 독자 여러분들께도 큰 감사를 드립니다.

텍스트보다 이미지가 더 큰 영향력을 가진 시대, 이미지 홍수의 시대입니다. 이런 시대에 사진 에세이를 낸다는 것이 어떤 의미가 있을까 생각해 봅니다. 무거운 담론이 아니더라도, 대단한 사진 작품이 아니더라도, 같이 생각하고 서로 이야기할 수 있는 짧은 휴식이 더 중요할 때도 있지 않을까요? 이 책이 여러분들에게 그런 역할을 할 수 있길 희망해 봅니다.

2022년 2월

주 신 하

content

일상 ordinary

시간 time

이미지 image

상상 imagination

장소 place

일상

ordinary

요즘 하늘 보신 적이 있나요?
바쁜 일상에 쫓기다 보니,
잠깐 고개 들어 하늘을 보는 것도 쉽지 않습니다.
늘 우리 머리 위에 있지만 평소에는 인지하지 못하는,
그런 게 하늘인가 봅니다.

바닥 포장 이야기

바닥 포장 이야기
@콜럼버스 동물원(Columbus Zoo), 오하이오, 미국, 2013
Canon EOS 40D, focal length 20mm, 1/1250s, f/6.3, ISO 100

"그림자 아녜요?"

"한참 쳐다보다 알았습니다. 그림자로 착각~~~ 굉장합니다."

"블록을 특수제작한 게 아닐까 눈을 의심했어요."

"혹시 색칠한 게 아닌지… 괜한 심술입니다~.^^"

"헐, 포토샵이 실제로~!"

페이스북에 올린 사진 하나로 갑자기 댓글 창이 토론장으로 변했습니다. 사진에 붙여 놓은 설명은 "이 사진 보고 감탄하는 사람은 조경 전공자 맞습니다." 네. 여러분들도 조경 전공자 맞습니다.

이 사진은 제가 연구년으로 미국에 있는 동안 들렀던 한 동물원에서 찍은 바닥 포장입니다. 동행했던 설계사무소 소장님께서 바닥 포장이 정교하다며 감탄하시길래, 사진으로 남긴 것이지요. 우리 주변에서 아주 흔히 볼 수 있는 블록 포장처럼 보이지만, 사실 압권은 저 곡선 부분의 처리입니다. 껌 자국과 열매 자국은 잊어 주시길. 다들 잘 아시는 것처럼, 직선 형태의 보도블록은 곡선 처리가 상당히 어렵지요. 휘어진 부분만 보더라도 조금씩 어긋나거나 자른 부분이 잘 맞지 않아서 엉성하게 보이기 십상이잖아요. 그런데 이 포장면은 댓글 올리신 분들 말씀대로 '포토샵 합성'처럼 보일 정도로 정말 깔끔하게 시공된 모습입니다. 잘 맞춰진 줄눈이 그림자처럼 보일 정도니까요. 대부분의 댓글들 역시 정교한 결과물에 대한 감탄이었습니다. 몇몇 전문가(?)들께서는 감탄에 그치지 않고 좀 더 구체적인 댓글을 달아 주시기도 했습니다.

"설계 저렇게 하면 미친 X이라고 했을 듯."

"시공하신 분들이 엄청 뭐라 했을 텐데, 정말 마감이 깔끔하네요.^^"

"저렇게 하고 싶다고 되는 게 아니죠! 작업자의 장인정신 없이는 불가능합니다."

"커팅 수준 최고인데! 이용 시 하중 준수. 동절기 팽창이 없는 지역에서나 가능하지 않을까요?"

"투수성 포장으로는 벽돌 형태 절대로 유지 못합니다. 미국에서 보면, 벽돌 아래 콘크리트 기초를 깔기도 하던데~~~."

기술적인 지적에서부터 작업자의 장인정신에 대한 칭찬까지 다양한 의견을 주셨습니다. 저도 사실 좀 부러운 생각이 들더군요. '우리나라에서 저렇게 설계하면, 실제로 저런 결과물을 얻을 수 있을까?' 하는 생각을 하면서 말이지요. 어느 한 분야만 노력한다고 되는 건 아닌 듯합니다. 아마 저하고 비슷한 생각을 하신 분들이 꽤 있었던 것 같습니다. 여기서 한발 더 나간 댓글도 있었습니다.

"국내 기술도 가능합니다. 부산에도 50%는 비슷한 곳 있는데, 시공사가 죽을 뻔했죠."

"문제의 핵심은 단가 아닐까. 최저가 제도 아래에서 시공 품질은 공염불이죠."

"충분한 공기 + 적정한 단가 + 포장공의 사회적 자부심."

이런 댓글들을 보니 노력과 기술이 중요하지만, 역시 제반 여건도 중요하다는 결론에 다다랐습니다. 현장과 공감하지 못하는 설계, 부족한 단가, 빠듯한 일정, 시공에 대한 부족한 사회적 인식 등 여러 상황들이 훌륭한 조경 공간을 만드는 데 걸림돌이 된다는 이야기인 거지요. 아직 우리가 노력해야 할 부분이 많은 모양입니다. 유명한 공원을 만드는 것보다 일상적인 공간의 품질을 높이는 것이 어쩌면 더 어렵고 중요한 일인지도 모르겠습니다. 블록 포장 사진 한 장으로 너무 나갔나요?

Ando Chair

두 자리

두 자리 @JCC크리에이티브센터, 서울, 2019

SONY DSC-RX100, focal length 16mm, 1/40s, f/6.3, ISO 3200

"영 불편해서 못 살겠어요. 옆방으로 가려면 신발 신고 나가야 하는데, 비라도 오면 아주 힘들어요. 콘크리트 벽으로 둘러싸여서 아늑한 느낌도 없고…."

안도 다다오가 설계한 집에 살고 계신 분을 우연한 기회에 알게 되었습니다. 유명한 분이 설계한 집에 사는 소감을 물었더니, 불만 가득한 표정으로 이렇게 대답하시네요. 유명 설계가의 '작품'에 살고 있는 분들 중에는 의외로 불만을 갖고 계신 분들도 많은 것 같습니다. 아마 그분도 유명세에 비해 실용성이 부족한 '작품'에 불만이 많으셨던 모양입니다.

깔끔한 노출 콘크리트 마감에 군더더기 없는 형태, 권투선수 출신의 괴짜 건축가, 프리츠커 건축상Pritzker Architectural Prize을 수상한 일본의 현대 건축가. 모두 안도 다다오를 지칭하는 수식어들이지요. 그는 건축계뿐만 아니라 대중적으로도 인지도가 아주 높은 건축가입니다. 국내에도 원주의 뮤지엄 산, 제주도의 본태박물관, 지니어스 로사이Genius Loci 같은 작품들이 있습니다. 아직 모르시는 분들도 많으시던데, 서울에서도 그의 작품을 만날 수 있습니다. 바로 혜화동에 위치한 전시 및 업무공간인 JCC아트센터와 크리에이티브센터가 안도 다다오의 작품이거든요.

지난봄 혜화동 근처에서 약속 시각이 한 시간쯤 남아서 어딜 둘러볼까 하다가, 미뤄 두었던 JCC를 둘러봤습니다. 골목 안쪽에 자리 잡은 JCC는 안도 특유의 노출 콘크리트 덕분에 멀리서 봐도 딱 그의 작품 같아 보이더군요. 바깥쪽 외관을 대충 훑어보고 중정으로 들어가서 옥상으로 이동하다가, 벽에 붙은 두 개의 의자를 만났습니다. 이번 사진의 주인공은 바로 이 '안도의 의자Ando Chair'입니다. 콘크리트 벽에 부착된 미니멀한 목재 의자. 조명까지 받아서 실용적인 가구가 아니라 작품처럼 보이더군요. '앉으면 편안할까?' 하는 궁금증을 갖고 앉아 보려고 하는 순간, 앉지 말라는 사인을 발견했습니다. '칫, 역시 작품이었군.' 순간 예전에 들었던 바로 그 불평이 떠오르더군요.

"유명하긴 한데, 실용적이진 않다."

이 사진을 꺼낸 이유는 얼마 전에 본 다큐멘터리 영화 '안도 타다오'[1] 때문입니다. 영화를 정말 사랑하시는 기술사사무소 이수의 서영애 소장님께서 몇몇 분들과 같이 영화를 본다는 소식을 듣고, 얼른 합류했거든요. 동네 아저씨들이 입을 법한 '추리닝'을 입고 섀도복싱shadow-boxing을 하는 안도의 모습에 영 환상이 깨지기도 했고, 공모에서 떨어진 후 당선작보다 자신 작품이 낫다고 투덜거리는 모습에 공감도 하면서 아주 재미있게 봤습니다. 그리고 5년간 『환경과조경』에 연재되었던 '시네마 스케이프'[2]가 안도 다다오에 관한 영화 이야기로 마감된다는 아쉬운 소식도 접하게 되었죠. 아마 연상을 못 하셨겠지만, 시네마 스케이프는 제가 연재했던 '이미지 스케이프'와 짝을 이루는 남매(?) 코너입니다. 전공을 살짝 벗어난 점도 비슷하고 두 페이지 분량도 같은 데다가 제목도 비슷해서, 저 나름대로는 동질감을 갖고 있었거든요. 연재를 해 보신 분들은 공감하시겠지만, 매달 꼬박꼬박 글을 쓴다는 게 참 부담되는 일입니다. 5년이라는 긴 시간 동안 연재하시느라 수고하셨다는 말씀을 드리고 싶네요. 기회가 되면 저 '두 자리'에 나란히 앉아서 사진이라도 찍으면 좋겠습니다. 아차차. 작품이라 앉을 수는 없군요. 그런데 이젠 원고 다 쓰셨는지 물어볼 상대가 없어져서 어쩌죠?

1. 국립국어원의 외래어 표기법 기준에 따라 본문에는 '안도 다다오'로 표기하였으나, 영화 '안도 타다오'의 제목은 국내 개봉 당시대로 '안도 타다오'로 하였습니다.
2. '시네마 스케이프'는 2017년 8월에 동명의 단행본으로 발간되었습니다.

언제나 예상은 빗나간다

언제나 예상은 빗나간다 @서울, 2006

Canon 300D, focal length 100mm, 1/60s, f/2.8, ISO 200

VICTORY
BASEBALL INC

"야구 몰라요."

이제는 고인이 되신 하일성 해설위원이 늘 하시던 말씀입니다. 뭔가 예상대로 경기가 진행되지 않을 때, 아니면 거의 가능성이 없는 상황을 기대할 때마다 특유의 억양으로 어김없이 외치시던 '대사'였죠. 가끔은 거기에 뒷이야기가 더 붙을 때도 있었죠. 둥근 공과 둥근 배트가 만나서 공이 어디로 튈지 모른다는 얘기.

이번 사진의 주인공은 낡은 야구공, 그리고 제 이야기도 야구 이야기입니다. 제 주변 분들은 잘 아시겠지만, 제가 야구를 상당히 좋아합니다. 고교야구가 한창이던 때부터 야구를 보긴 했지만, 역시 본격적으로 관심을 두게 된 건 프로야구가 출범하면서부터라고 할 수 있겠죠. 어린이회원이 되면 예쁜 'OB 베어스'의 유니폼을 준다고 해서 베어스의 팬이 되긴 했습니다만, 역시 결정적인 계기가 된 것은 박철순 투수였습니다. 늘씬하고 잘생긴 외모에 이름부터 생소한 너클볼을 던지는 모습에 완전히 매료되어서, 야구에 푹 빠지게 되었죠. 박철순 투수 보려고 중학교 1학년 때 인천까지 쫓아갈 정도였으니까요. 원년 우승 이후로 수차례 등락이 있었습니다만, 지금까지 꾸준히 베어스의 팬으로 야구를 즐기고 있습니다.

2018년은 베어스 팬으로선 즐거움과 아쉬움이 공존했던 한 해였습니다. 사실 리그를 시작할 때만 하더라도 베어스가 리그 우승을 하리란 기대는 전혀 없었습니다. 작년 우승팀인 기아의 우승을 점치는 전문가들이 훨씬 더 많았거든요. 그런데 막상 뚜껑을 열어보니, 외국인 투수들의 큰 활약과 기대하지 않았던 어린 선수들의 성장으로 압도적인 차이로 리

그 1위를 차지했지요. 리그 후반에는 주전 선수들 체력 안배를 할 수 있을 정도로 여유 있는 운영도 가능했습니다. 배부른 소리로 들릴지 모르겠지만, 막바지에는 좀 재미없는 게임이 되어서 팬 입장에서는 아쉬울 정도였습니다.

그러나 끝날 때까지는 끝난 게 아니라는 야구 격언이 있죠. 우리나라 프로야구에서 최종 우승은 코리안시리즈에서 이겨야 합니다. 압도적인 리그 1위였기 때문에, 전문가들과 팬들은 모두 '어우두'란 말을 입에 달고 있었습니다. '어차피 우승은 두산'이란 이야기였죠. 다들 어느 팀이 올라오더라도 두산이 쉽게 이길 수 있을 거라고 생각했습니다. 하지만, 너무 쉬었다가 다시 게임을 해서 그랬을까요? 막상 코리안시리즈에서는 정규시즌에서 보여주었던 막강한 타력도 탄탄한 수비력도 보여 주지 못한 채, 너무 쉽게 SK에게 최종 우승컵을 넘겨주었습니다. 예상치 않은 압도적인 리그 1위에 이은 맥없는 코리안시리즈 패배라니. 정말 '야구 몰라요.'

예상은 언제나 빗나갑니다. 예상은 예상일 뿐이니까요. 가만 생각해 보면 어디 야구만 그렇겠습니까? 세상 모든 일이 그렇겠지요. 작년 한 해 동안 저에게도 여러 가지 일이 있었습니다. 나름 힘든 일들도 있었고, 예상보다 큰 수확도 있었죠. 예상치 못했던 일에 힘들기도 했고, 또 우려했던 것보다는 잘 마무리된 일도 있었던 한 해였죠. 과연 내년에는 어떤 일들이 기다리고 있을까요?

혹시 야구공 실밥 개수가 108개라는 거 아셨나요? 야구가 인생의 축소판이란 상투적인 표현을 별로 좋아하진 않지만, 그래도 뭔가 묘한 불교적 상상을 하게 하는군요.

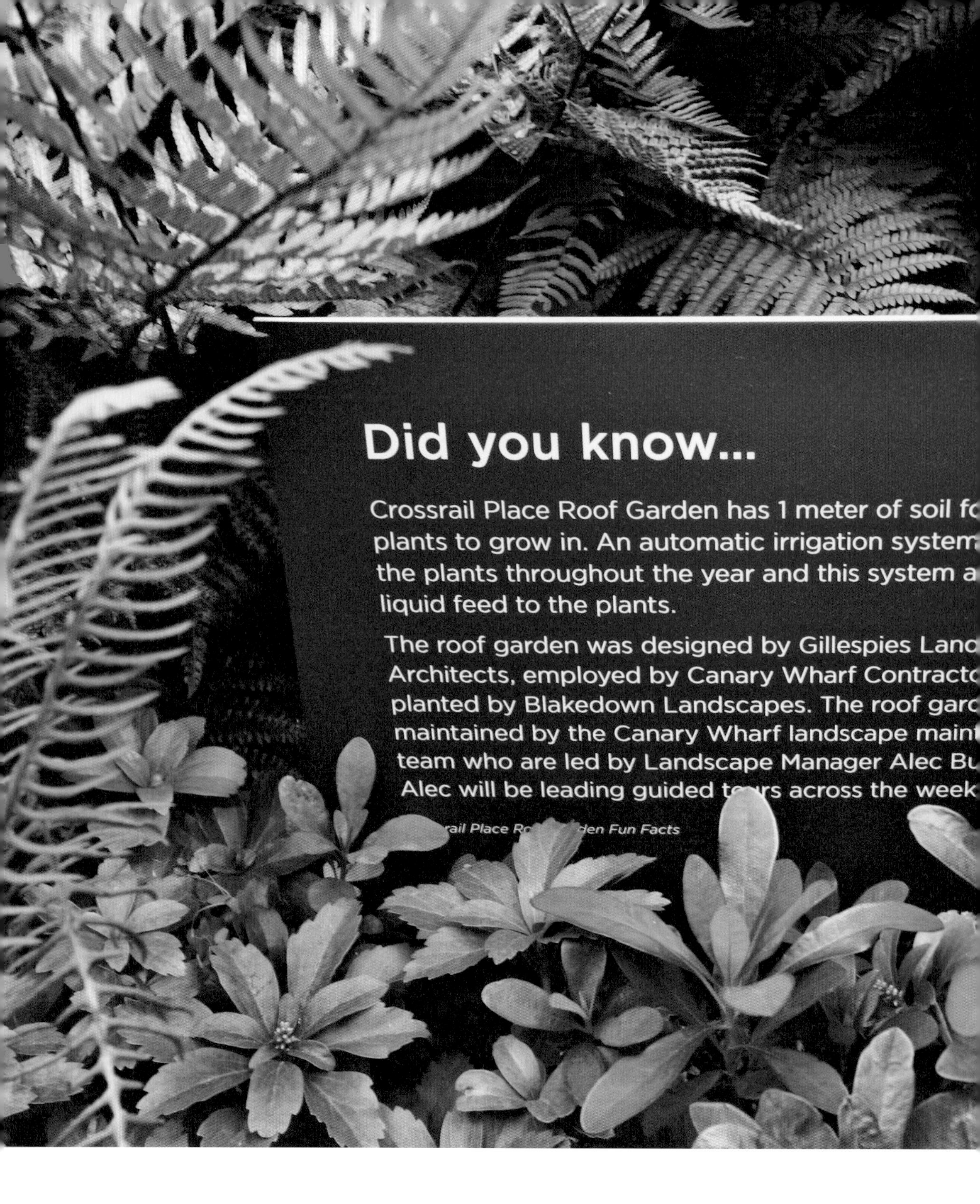
Did you know...
Crossrail Place Roof Garden has 1 meter of soil
plants to grow in. An automatic irrigation
the plants throughout the year and this system
liquid feed to the plants.
The roof garden was designed by Gillespies
Architects, employed by Canary Wharf
planted by Blakedown Landscapes. The roof
maintained by the Canary Wharf landscape
team who are led by Landscape Manager Alec
Alec will be leading guided

그거 아세요?

그거 아세요? @크로스레일 플레이스 옥상정원
(Crossrail Place Roof Garden), 런던, 영국, 2018
Canon EOS 40D, focal length 22mm, 1/13s, f/4.5, ISO 100

"그거 아세요? 크로스레일 플레이스의 옥상정원에는 모든 식물들이 잘 자랄 수 있도록 1m 깊이의 흙을 깔아 두었습니다. 일 년 내내 식물들에게 물과 액체 양분을 자동 관수 시스템을 통해 공급합니다.
이 옥상정원은 카나리 워프와 계약한 길레스피스 조경설계사무소에서 설계했고, 식재 공사는 블레이크다운 조경에서 맡았습니다. 현재 이 옥상정원은 알렉 버처가 이끄는 카나리 워프 조경관리 팀이 관리하고 있습니다. 알렉은 주말 동안 가이드 투어도 할 예정입니다."

2018년 여름, 한국경관학회 해외 답사 프로그램으로 영국을 다녀왔습니다. 외국을 나가 보면 참 신기한 것들이 많지요. 영국은 자동차도 반대로 다니고 말이지요. 이번 답사에서도 그런 느낌을 참 많이 받고 왔습니다. 정말 그림 같았던 풍경식 정원 스투어헤드 정원Stourhead Gardens도 직접 보고, 바로크 정원에서 풍경식으로 변화했던 채스워스 하우스Chatsworth House에서 산책도 해 봤습니다. 영국의 전통적인 농촌을 잘 활용한 바이버리Bibury 마을과 버튼온더워터Burton-on-the-water 마을 같은 곳들도 둘러보고, 피크 디스트릭트 국립공원Peak District National Park에서는 영국 특유의 드넓은 구릉지에 감동받기도 했습니다. 책이나 인터넷으로 보는 느낌과는 다른, 대상과 직접 교감할 수 있어서 답사가 참 좋습니다. 해외 답사에서는 우리나라에서는 느끼기 어려운 색다른 문화나 큰 스케일의 경관을 만나게 되는데, 그럴 때면 '아직 모르는 세상이 정말 많구나…' 하는 생각을 하게 되지요. 그야말로 세상은 넓고 볼 것은 많은 것 같습니다.

규모가 큰 대상에서만 감동을 받는 것은 아닙니다. 아주 사소한 배려가 더 큰 감동으로 다가올 때도 있습니다. 오히려 그런 세밀한 감동이 더 오래 남고, 더 깊은 울림을 줄 때도 있습니다. 이번 사진의 주인공은 그런 작은 감동과 부러움을 동시에 느끼게 해 준 안내문입니다.

'Did you know…'라는 제목으로 식물들 속에 수줍게 숨어 있는 듯한 안내문. 이게 뭘까? 처음에는 식물들에 대한 설명인가 싶어서 읽기 시작했습니다. 그런데 읽다 보니까, 처음은 토심과 관수 시스템에 대한 내용이었습니다. '옥상정원이니까 이런 내용 설명이 필요하지. 별 내용 아니네'라고 생각하는 순간, 그 아래로 이어지는 설계, 시공, 관리자, 그리고 가이드 투어에 관한 설명이 눈에 들어왔습니다.

'정원 설계하고 시공한 사람과 회사 이름이 적혀 있네!'

공원을 자주 이용하는 분들도 조경가가 공원을 설계한다는 사실을 모르는 경우가 많은 우리나라 실정을 생각해 보니, 이 공간을 만들기 위해 애쓰는 사람들을 상세하게 소개하고 있는 이 작은 안내판이 참 부러웠습니다. 게다가 '설계: 홍길동, 시공: 이순신, 관리: 강감찬' 같은 딱딱한 표현이 아니라, 저렇게 친숙한 방식이라 더욱 좋았습니다. 준공 표지판 같지 않고 마치 누군가가 이야기해 주고 있는 것 같은 느낌이 들었거든요.

최근 우리나라 공원 입구에 공원 이름을 큰 글씨로 설치해 두곤 하는데, 그 아래에 공원 설계, 시공, 관리자 이름을 넣어 보면 어떨까 하는 생각을 해 봤습니다. 공원을 이용하는 분들이 혹시라도 읽어 보시고, '공원도 설계하고 시공하는 사람들이 있구나, 공원을 열심히 관리하는 분들이 있구나' 하는 생각을 하면 참 좋을 것 같거든요. 예전에 비슷한 이야기를 관계자분들에게 드렸더니, 복잡한 하도급 관계, 잦은 설계 변경 등으로 정확한 크레디트credit를 정리하기가 쉽지 않다고 하시더군요. 현실적으로 해결해야 할 부분도 있겠지만, 그래도 한번 시도해 보면 좋겠습니다. 처음부터 완벽하지 않더라도 어설픈 시도라도 해 봐야 하는 거 아닐까요?

그거 아세요? 이 책 『이미지 스케이프』는 주신하가 사진 찍고 글 쓰고, 박명권이 펴내고, 김선욱과 남기준이 편집했습니다.

10년의 기록

10년의 기록 @돈의문박물관마을 하루.순, 서울, 2018

Canon EOS 40D, focal length 22mm, 1/25s, f/4.5, ISO 320

"2007년 봄부터 매주 만들어 낸 주간 스케줄 표가 어느새 570여 장이나 쌓이게 되었으니, 축적된 시간들을 공간으로 치환하면 10평 정도의 크기를 가지게 되었다. 작은 정원을 만들 수 있고, 욕심을 버린다면 방 한 칸의 집을 올릴 수도 있겠다."

강산도 바뀐다는 10년. 그 오랜 시간 동안 꾸준히 뭔가를 지속한다는 것은 참 어려운 일입니다. 더군다나 눈코 뜰 새 없이 바쁘게 지냈던 지난 10년 동안 조경설계 작업을 꾸준히 기록하는 일은 거의 기적에 가까운 일이지요.

조경가 박승진은 2007년 새로 사무실을 연 이후로 꾸준히 주간 스케줄 표를 만들고, 또 작업 과정과 결과를 사진으로 기록해 왔습니다. 그리고 이런 기록을 2018년 7월 『도큐멘테이션Documentation』이란 제목의 책으로 엮었고, 내친김에 소박하지만 꽉 찬 전시회도 열었죠. 전시 장소는 돈의문박물관마을에 위치한 '하루.순'이란 아주 매력적인 장소입니다. 전시장 이름 치곤 조금 낯설게도 보일 수 있는데, 1일을 뜻하는 하루와 거기에 새싹이란 의미인 순을 합쳐 만든 이름이라고 합니다. 전시장 이름과 전시 주제가 대비되면서도 묘하게 조화를 이루는 느낌입니다.

표지와 책등이 없는 듯한 특이한 제본 방식만큼이나 전시 방식도 독특합니다. 전시장 벽에 얇은 투명 봉투를 붙여 넣고, 책을 한 장, 한 장 뜯어 봉투에 넣어 두었습니다. 동영상 기록들은 사진들 사이에 설치된 작은 디지털 액자를 통해 상영됩니다. 이렇게 사진, 도면, 미디어 창들로 벽을 가득 메운 모습이 아기자기하면서도 묵직한 시간의 무게를 느끼게 해 줍니다. 하나하나 페이지마다 며칠, 혹은 몇 달의 시간이 쌓여 있는 듯한 느낌이더군요. 작은 정원이나 방 한 칸의 집보다 훨씬 더 멋진 전시 공간을 채운 10년간의 기록들이었습니다.

여러분들은 지난 10년 동안 어떻게 지내셨나요? 그리고 앞으로 10년 동안은 어떤 일을 하면서 지내게 될까요? 뭔가 꾸준히 한다는 것에 대해 다시 한번 생각하게 하는 그런 풍경이었습니다.

벤치의 배려 @보라매공원 입구, 서울, 2017

SONY DSC-RX100, focal length 10mm, 1/30s, f/4.5, ISO 250

오늘은 어린이조경학교가 있는 날입니다. 아침 일찍 지하철을 타고 보라매역에 내려 공원으로 향했습니다. 겨울답지 않게 유난히 따뜻하던 지난주와는 다르게, 오늘 아침 공기는 제법 차갑네요. 커피 한 잔을 들고 총총걸음으로 보라매공원 입구에 다다르니, 느티나무 터널이 반겨 줍니다. 잎이 다 떨어진 겨울철의 느티나무 터널은 시원한 그늘을 드리우는 여름철과는 또 다른 운치가 있습니다. 시작 시각보다 일찍 도착하는 듯해서 걸음도 천천히 여유를 부려 봅니다. 따뜻한 커피와 함께하는 여유로운 겨울 아침 산책. 오늘도 초등학생들과 씨름(?)을 하러 가는 길이긴 하지만, 그리 부담스럽지만은 않습니다.

지하철을 이용하면 운전할 때 느껴 보지 못했던 재미를 느낄 수 있어서 좋습니다. 천천히 걸으니 눈에 들어오는 사물들도 다르게 보이고 말이지요. 보도 옆에 설치된 벤치도 눈에 들어옵니다. 그런데 벤치를 찬찬히 살펴보니, 어딘가 조금은 달라 보입니다. 뭐가 다를까? 벤치 중간에 보이는 동그란 구멍들, 그리고 뭔가를 떼어 낸 자국도 보이네요.

'아, 팔걸이를 제거한 모양이구나!'

마침 방금 전 지하철에서 읽은 블로그 글이 생각났습니다. 노숙자들이 벤치에 눕지 못하게 하려고 중간에 팔걸이를 설치한다는 내용의 글이었는데, 프랑스에서는 노숙자들이 경찰들 앞에서 벤치 팔걸이를 자르는 시위를 했다는 내용도 소개하면서, 벤치에 팔걸이를 설치하는 것이 공공이라는 명분으로 소수 약자를 억압하는 것은 아닌지 생각해 보자는 글이었지요. 공원을 관리하는 입장에서는 노숙자들이 많아지는 것이 골칫거리일 겁니다. 노숙자들이 벤치를 다 차지해 버리면, 다른 이용자들이 많이 불편해할 테니까요. 그러나 저는 벤치의 팔걸이를 볼 때마다 마음 한구석이 편치 않았습니다. 왜 우리 사회는 그 정도의 배려도 하지 못할까 하는 생각 때문이겠지요.

그러던 차에 오늘 아침에 만난 벤치는 여러 가지 이야기를 해 주었습니다. 마치 "이제 우리도 좀 여유를 가지고 배려하면서 살아 봅시다!"라고 말하는 것 같았습니다. 늘 경제는 어려울 것 같다고들 하십니다. 건설 경기는 쉽게 나아질 것 같지 않다는 이야기도 하시고요. 언제 좋아질지 모른다는 전망은 더욱 힘 빠지게 만듭니다. 그렇지만 '앞으로는 조금이라도 여유를 가지고 지내셨으면…' 하는 좀 근거 없는 희망을 품어 봅니다. 참 힘든 이야기지요? 그래도 마음이라도 넉넉해야 그나마 힘든 시기를 잘 이겨 낼 수 있지 않을까요?

하여간 짧은 순간에 많은 생각을 하게 해 준 벤치에게 고맙다고 해야 할 것 같습니다. 또 보라매공원 관계자분들의 배려심에도 깊은 감사의 마음을 전합니다. 감사합니다. 아, 그리고 덕분에 어린이조경학교는 오늘도 성공적으로 잘 마쳤습니다.

빛으로 그린 자전거

빛으로 그린 자전거 @자전거 수리점, 빌바오, 스페인, 2015

SONY DSC-RX100, focal length 28mm, 1/15s, f/4.5, ISO 3200

날이 무척 덥네요. 이 무더운 여름 잘 지내고 계신가요? 저는 지난달에 스페인 답사를 다녀왔습니다. 드디어 벼르고 벼르던 알람브라Alhambra 궁전을 직접 보고 왔지요. 알람브라 외에도 이슬람 문화의 영향이 가득한 남부 스페인 조경의 진수를 직접 경험하고 왔습니다. 마침 뜻을 같이한 조경가분들과 함께해서 더욱더 뜻깊은 답사였습니다.

남부 도시들도 좋지만, 스페인 도시 중에 최근 가장 많은 관심을 받는 곳은 역시 '빌바오Bilbao'가 아닐까 합니다. 철강 산업이 쇠퇴하면서 활력이 떨어진 도시를 '문화'와 '디자인'이라는 키워드로 되살린 도시재생의 모범 사례이지요. 우리나라에서도 상당히 많은 도시·건축·조경 분야 전문가들과 공무원들이 다녀와서, 이제는 아주 익숙한 도시가 되었습니다. 사실 빌바오는 스페인 북쪽에 위치하고 있어서, 스페인 남부를 주로 둘러볼 이번 답사 목적과는 잘 맞지 않았습니다. 그래도 언제 또 스페인에 와 보겠느냐는 생각으로, 무리를 좀 해서 답사 일정에 끼워 넣었습니다. 덕분에 운전을 좀 오래 해야 하는 수고를 하긴 했습니다만.

빌바오 하면 역시 프랭크 게리Frank Gehry가 설계한 빌바오 구겐하임 미술관Guggenheim Museum Bilbao이 가장 유명하지요. 그렇지만 빌바오의 성공은 구겐하임 미술관 하나만으로 이루어진 것은 아닙니다. 랜드마크 건축물 하나가 도시 전체를 바꿀 수 있을 거라는 기대는 '빌바오 이펙트Bilbao Effect'의 잘못된 환상입니다. 빌바오에는 구겐하임 미술관보다 유명세는 덜하지만, 도시경관을 개선하기 위한 많은 공공 프로젝트들이 있었습니다. 빌바오 지하철은 국제공모에서 당선된 영국의 노먼 포스터Norman Foster 작품이고, 빌바오 공항은 스페인 출신의 건축가인 산티아고 칼라트라바Santiago Calatrava의 작품입니다. 네르비온강Ría del Nervión에 설치된 멋진 보행교인 수비수리 다리Puente Zubizuri 역시 칼라트라바의 작품입니다. 이 밖에도 많은 도시, 건축, 조경, 공공디자인 전문가들이 참여해서 전반적인 도시 디자인을 향상하는 전략을 수행한 결과로 오늘날의 성공이 가능한 것이겠지요.

그러나 정말 이러한 공공 프로젝트만으로 이러한 일들이 가능했을까요? 도시는 참 복잡한 대상입니다. 수많은 사람들이 함께 모여 사는 곳인 만큼, 하나의 뚜렷한 이미지를 유지하는 것은 참 어렵지요. 더구나 쇠락한 이미지를 개선하는 것은 정말 어려운 일일 겁니다. 역시 가장 중요한 것은 도시를 구성하는 수많은 시민들의 참여가 아닐까요? 공공이 주도한 프로젝트들이 지속되지 못하는 사례들을 우리는 이미 많이 보아 왔습니다. 구겐하임 미술관이 들어오는 것을 반대했던 시민들을 설득하기 위해 빌바오시에서 많은 노력을 기울인 것도 바로 이 때문이겠지요.

서론이 좀 길었네요. 앞 페이지의 사진은 그냥 평범한 뒷골목에 위치한 작은 자전거 수리점의 모습입니다. 그것도 밤에 문이 닫힌 후의 모습이지요. 구겐하임 미술관 사진을 기대하셨던 분들이 혹시 계실지 모르겠지만, 저는 그럴 생각이 처음부터 없었습니다. 사진을 보니, 자전거 수리점 철문에 작은 구멍을 뚫어서 자전거 형태를 만들었네요. 그리고 안쪽에는 전등을 켜 놓으니, 철문 밖으로 빛으로 그려진 자전거가 나타났습니다.

'어? 이게 뭐지?'

지나가던 여행객들의 시선을 잡기에 충분한 아주 재미있는 아이디어였습니다. 저는 이 '빛으로 그린 자전거'에서 빌바오 도시재생의 성공을 보았습니다. 너무 거창한 비약일까요? 골목길을 밝히려는 작은 상점의 노력, 그리고 그 방법으로 선택한 자전거 도안과 빛으로 그린 자전거 문양. 이런 아주 작은 부분에서도 도시 전체를 성공적으로 개선하려는 시민들의 힘을 느낄 수 있었으니까요. 이런 시민들의 참여가 계속된다면, 앞으로 빌바오는 더 좋은 도시가 되지 않을까요?

나무, 그림자, 그림 그리고 사진

나무, 그림자, 그림 그리고 사진 @국립현대미술관 서울관, 서울, 2015

SONY DSC-RX100, focal length 19.5mm, 1/640s, f/3.5, ISO 125

물체가 빛을 가려서 그 물체의 뒷면에 드리워지는 검은 그늘.
– '그림자', 국립국어원 표준국어대사전

허공에 한껏 부풀려진 제 영혼을 위하여
그림자는
세상의 가장 낮은 곳에 드러눕습니다.
모양과 부피가 각기 달라도
영혼의 두께는 다 같은 법이라고
모든 존재의 뒷모습을 납작하게 펼쳐놓습니다.
– 정진명의 시, '그림자'의 일부

어쩌면 저렇게 같은 대상을 달리 표현할 수 있을까요? 모든 존재의 뒷모습을 납작하게 펼쳐놓는다고 표현하다니. 평소 시를 즐겨 읽는 편은 아니지만, 시인들의 저런 표현방식에는 놀라지 않을 수가 없네요.

나무에 대해서 해박한 지식을 가진 분들을 만날 때면 조경 전공이라고 말씀드리기가 민망

할 때도 있습니다만, 그래도 조경을 전공으로 하다 보니 아무래도 나무를 접할 기회가 많습니다. 나무를 접하는 방식이야 여러 가지겠지만, 저는 개인적으로 잎이 많지 않은 나뭇가지들을 보는 걸 즐겨합니다. 큰 줄기에서 작은 줄기로, 다시 작은 줄기에서 더 작은 줄기로 나누어지는 반복되는 방식으로 커다란 나무 형태를 만드는 걸 보면, 정말 대단한 예술가가 따로 없다는 생각이 들거든요.

앞 페이지의 사진은 국립현대미술관 서울관에서 찍은 건데요, 아마 해가 질 무렵이었던 것 같습니다. 미술관 전시를 구경하고 커피 생각이 나서 카페에 들렀습니다. 카페에는 경복궁 쪽으로 넓은 유리창이 있었는데, 해 질 무렵이라 그런지 블라인드가 내려와 있더군요. 경복궁 경치를 가리는 것 같아 답답해하던 차에 발견한, 블라인드에 그려진 멋진 나무 그림! 정말 자작나무 '그림자'가 마치 '그림'처럼 펼쳐져 있더군요. 나무가 그림자로, 그림자가 다시 그림으로. 뭔가 재미있는 구조라고 생각하고 있는데, 창 옆을 보니 저쪽에 자작나무도 살짝 보입니다. 그래서 또 찰칵. 그래서 그림은 다시 사진이 되었습니다.

이렇게 보니 나무 뒷면에 드리워지는 검은 그늘이 아니라, 정말 한껏 부풀려진 제 영혼을 가지고 창문에 기댄 것 같지 않습니까?

하늘을 걷다

하늘을 걷다 @북서울꿈의숲, 서울, 2017

Canon EOS 40D, focal length 200mm, 1/800s, f/7.1, ISO 100

요즘 하늘 보신 적이 있나요? 바쁜 일상에 쫓기다 보니, 잠깐 고개 들어 하늘을 보는 것도 쉽지 않습니다. 늘 우리 머리 위에 있지만 평소에는 인지하지 못하는, 그런 게 하늘인가 봅니다. 그나마 개인적으로 위안이 되는 건 조경을 전공한다는 핑계로 '공식적으로' 공원에서 가끔 하늘을 보는 호사(?)를 누릴 수 있다는 거겠네요. 그래서 주변의 다른 전공 교수님들이 꽤 부러워하십니다. 아, 지금 사무실에서 일하고 계시는 분들께는 죄송합니다.

이번 사진은 '북서울꿈의숲'입니다. 과거 '드림랜드'라는 놀이동산을 대형 공원으로 탈바꿈한 멋진 곳이지요. 현상설계 때 명칭이 아마 강북대형공원이었지요? 지금은 서울 북부 지역을 대표하는 공원으로, 주변 지역 주민들에게 큰 사랑을 받는 곳입니다. 개장 초기에는 드라마 '아이리스' 촬영지로 유명세를 타기도 했지요. 아직도 전망대 올라가는 엘리베이터에는 이병헌과 김태희의 사진이 유리창에 붙어 있습니다.

이 공원에는 정말 멋진 곳이 많지만, 제가 가장 좋아하는 곳은 글라스 파빌리온 앞에 있는 창포원菖蒲園과 주변 공간입니다. 성큰sunken[1] 된 창포원에서 잔디 쪽을 보면, 산책로 너머로 바로 하늘이 보이거든요. 마치 산책로 뒤로는 아무것도 없는 것처럼, 도시의 건물들이 지워집니다. 도시를 멀리 떠나와 있는 느낌이 들어서인지, 거기 앉아 있으면 정말 기분이 좋아집니다.

산책로 위를 걸어 다니는 사람들을 보면, 색다른 느낌이 듭니다. 마치 하늘을 배경으로 떠다니는 것처럼 비현실적으로 보이기도 하거든요. 물론 약간의 상상력이 필요하긴 합니다. 북서울꿈의숲에 가시면 마음의 여유를 갖고 꼭 한번 확인해 보시길 바랍니다. 그런데 다시 이 사진을 보니 하늘색이 좀 아쉽네요. 깊은 파란색이었더라면 사진도, 내 마음도 훨씬 더 좋을 텐데 말이죠.

1. '성큰(sunken)'은 주변보다 바닥을 낮춰서 만들어지는 공간을 의미합니다.

하늘을 낚다

하늘을 낚다 @길음동, 서울, 2019

SONY DSC-RX100, focal length 28mm, 1/640s, f/5.6, ISO 125

태풍과 며칠째 계속되는 가을장마 끝에 만난 푸른 하늘과 하얀 구름. 여름에 계속 밀리던 가을이 오랜만에 승기를 잡은 듯합니다. 청명한 가을 하늘은 언제 봐도 기분이 좋습니다.

학생들과 공모전 대상지 답사를 위해 길음동에 들렀습니다. 대상지와 바로 붙어 있는 재정비촉진지구. 재정비를 촉진하는 곳이라는 뜻 같은데, 원래 있던 집들을 정비하는 대신에 높은 공사 가림막과 커다란 크레인이 버티고 있네요. 아마도 아파트를 짓고 있겠지요. 전국 아파트 거주 인구가 이미 60%를 넘었다고 하지요? 그렇게 아파트가 많이 있는데도 계속 짓고 있는 걸 보면, 정말 신기하기도 합니다. 정말 '아파트 공화국'이라는 말이 실감납니다.

'전에 여기서 살던 사람들은 다 어디로 갔을까? 이곳을 떠난 사람들은 나중에 이곳에 대한 기억과 이야기를 어떻게 추억할까? 제가 어릴 적에 살던 동네는 지금 어떻게 변했을까?'

그렇게 도시의 기억에 대한 감상적인 생각을 잠깐 해 보다가, 다시 눈을 들어 크레인을 봅니다. 파란 배경에 노란 크레인이 매우 선명해 보이네요. 크레인을 지탱해 주는 와이어도 아주 또렷합니다. 비가 온 뒤라 공기도 맑아 아주 깨끗한 느낌입니다. 가만히 크레인을 보고 있자니, 와이어를 내리는 크레인 모습이 꼭 낚싯대 같아 보이네요. 철근을 들어올리는 모습이 정말 하늘에서 커다란 물고기를 낚는 모습 같기도 하고요. 구름을 향해 줄을 던지고, 구름들이 피해 다니는 것 같기도 합니다. 조금만 잘 던지면 구름도 낚을 수 있을 것 같습니다.

'저 구름을 낚으려면 저쪽으로 던져야 하는데….'

그러다가 시선을 조금 낮추니, 공사 가림막과 눈이 마주쳤습니다.

'아, 여기 재정비촉진지구였지.'

맑은 가을 하늘에 취해 공상하는 것도 그리 나쁜 경험은 아니네요. 사족이지만, 사진 아래쪽에 계단처럼 보이는 부분은 이미지가 깨진 게 아닙니다. 모니터로 처음 볼 때는 저도 그런 줄 알았는데, 자세히 보니 경사지에 설치한 패널 윗부분 모습이 저렇게 보이더라고요. 오해 없으시길.

도시에서 하늘 바라보기

도시에서 하늘 바라보기 @국립중앙박물관, 서울, 2012

Canon Powershot S95, focal length 22.5mm, 1/1000s, f/8.0, ISO 400

하늘을 얼마나 자주 올려보시나요? 질문이 좀 막연한가요? 그럼 질문을 조금 바꿔서, 오늘 하늘은 보셨나요? 아마 많은 분들이 "먹고 살기 바쁜데 하늘 볼 여유가 어디 있어", 아니면 "빌딩 숲에 둘러싸여 있어서 하늘을 보기가 어려워" 정도로 답하지 않으실까요? 그렇죠. 바쁜 도시 생활을 하면서 하늘을 바라본다는 건 이젠 정말 사치가 되어버렸는지 모르겠습니다.

몽골 사람들 시력이 좋다는 이야기는 많이 들어보셨지요? 평균 시력이 3.0이라고도 하고, 또 어떤 설명에서는 4.0이라고도 합니다. 숫자야 어찌 되었건 분명한 것은 그들이 도시인들보다 월등히 좋은 시력을 갖고 있다는 점이겠지요. 왜 그럴까요? 아마도 말과 양을 기르며 넓은 초원에서 사는 생활환경 때문이 아닐까요? 광활한 초원에서 생활하기 때문에 어려서부터 가까운 곳보다는 먼 곳을 바라보는 생활에 익숙하고, 또 적으로부터 가족과 가축을 보호하기 위해 멀리까지 볼 수 있는 좋은 시력이 필수적이었을 겁니다. 거기에 초원에 있는 녹색의 풀이나 나무들이 눈의 피로를 덜어 주었을 수도 있고요. 거꾸로 이야기하면, 도시인들의 시력이 나빠진 것은 시야 거리가 짧아지고 인공물이 많은 도시환경 때문이라고도 할 수 있겠네요. 예전에는 TV나 모니터 때문에 시력이 나빠지는 거라고 했었는데, 요즘에는 스마트폰이 더 큰 원인이 아닐까 생각해 봅니다. 어쨌든 좋은 시력을 유지하기 위해서는 더 멀리, 그리고 인공물보다는 자연을 자주 보는 것이 좋겠네요. '멀리 있는 자연'이라…. 그런 대상이라면 역시 하늘만 한 것이 없겠군요.

빌딩 숲 도시에서는 어디에서 하늘을 볼 수 있을까요? 고개를 위로 젖히기만 하면 어디서든 볼 수 있는 것이 하늘이긴 하지만, 어쩐지 건물들 사이로 보이는 조각난 하늘은 진짜 하늘이 아닌 것 같습니다. 멋진 노을을 볼 수 있는 강변이나 바다, 확 트인 시야를 보여 주는 산꼭대기도 좋겠지만, 잘 찾아보면 도시 안에서도 근사한 하늘을 볼 수 있는 곳들이 꽤 있습니다.

이번 사진은 그런 곳 중 하나라고 할 수 있겠네요. 도시 안에서 멋진 프레임으로 하늘과 남산을 보여 주는 곳, 게다가 시간 여유가 좀 있다면 역사 공부까지 할 수 있는 곳. 바로 국립중앙박물관입니다. 용산 미군기지가 이전하게 되면(이거 정말 언제 이전하는 건가요?) 제대로 된 멋진 공원이 만들어지겠지만, 이미 이촌역 쪽으로 일부는 용산가족공원과 국립중앙박물관으로 조성되어 있고, 최근에는 미군 장교숙소 부지가 개방되기도 했습니다. 이촌역에서 내려 정문을 통과하고 거울못을 지나면, 국립중앙박물관 계단 너머로 뒤쪽 풍경이 눈에 들어오기 시작합니다. 어린이박물관과 국립중앙박물관 사이에는 — 상층부는 서로 연결되어 있지만, 하층부가 나누어져 있어서 — 중앙에 커다란 빈 공간이 있습니다. 건물로 가까이 걸어오면서 이 빈 공간을 바라보면, 마치 남산을 품은 커다란 액자처럼 보입니다. 여기에 계단 위에 앉은 사람들의 실루엣까지 더해지면, 뭔가 이야기가 들리는 풍경으로 완성되는 것 같습니다. 이야기가 있는 풍경. 어쩐지 이 책 제목하고 잘 연결되는 느낌이군요.

급할수록 돌아가라고 했나요? 모니터와 스마트폰에 지친 여러분의 눈을 위해서라도 하늘 한번 볼 여유를 가지시면 좋겠습니다. 그런데 정말 하늘을 배경으로 저 사람들은 무슨 이야기들을 하고 있을까요? 혹시 용산공원 언제 만들어지느냐고 할지도 모르겠군요.

자작나무와 이야기하기

자작나무와 이야기하기 @선유도공원, 서울, 2017

SONY DSC-RX100, focal length 24mm, 1/80s, f/4.0, ISO 125

자작나무 좋아하시나요? 한번 보면 잊을 수 없는 인상적인 흰색 수피樹皮를 가져서 많은 분들이 좋아하는 나무이지요. 좀 오래되긴 했지만, 영화 '닥터 지바고'에 나오던 끝없이 펼쳐진 자작나무숲은 정말 멋졌습니다. 우리나라 드라마나 광고 배경으로 종종 등장하는 강원도 인제군 원대리의 아름다운 숲도 바로 이 자작나무숲입니다. 최근에는 인테리어 소품으로도 인기가 많아서, 아기자기한 카페 한쪽 구석을 차지하는 일도 많아졌지요. 가짜인 것 같긴 하지만.

자작나무는 역시 새하얀 수피가 가장 큰 특징입니다. 게다가 얇게 벗겨져서 껍질에 연애편지를 썼다는 전설(?)로도 유명하지요. 실제로 신라의 '천마도'도 자작나무 껍질에 그린 것이고, '팔만대장경'의 일부도 자작나무라고 하네요. 자작나무 목재는 벌레도 잘 먹지 않고 단단하고 결이 고와서 가구나 조각용으로도 사용한다고 하니, 정말 쓸모가 많은 나무입니다.

자작나무 껍질은 예전에는 불을 붙일 때도 사용했다고 하네요. 바짝 마른 나무껍질이 불쏘시개로는 아주 그만이었을 것 같습니다. 결혼할 때 흔히 쓰는 표현인 '화촉華燭을 밝힌다'라는 말도 자작나무樺에서 유래했다고 하네요. 한자를 혼용해서 약간 헷갈리긴 하지만, 결혼을 축복한다는 의미로 자작나무 껍질을 태우는 풍습에서 나온 표현이라고 하는군요. 또 자일리톨도 핀란드 자작나무에서 추출한 당류라고 하고요. 사진 찍고 자료 찾아보느라 저도 공부 많이 합니다.

나무 공부는 이 정도로 하고, 이제 사진 이야기를 좀 해 드려야겠네요. 이번 사진은 선유도에서 만난 자작나무들입니다. 이번 학기에도 대학원 수업으로 열심히 답사를 다니고 그러고 있습니다. 답사 갈 때마다 느끼는 건데, 역시 책을 통해서는 배우지 못한 현장감이 굉장히 중요한 것 같아요. 올해 첫 번째 답사지는 선유도공원이었습니다. 이른봄에 방문하는 건 저도 처음이었는데, 이때도 역시 좋더군요. 그런데 비도 오고 바람도 세게 불어서 좀 고생하긴 했습니다. 원형극장 - 시간의 정원 - 수생식물원 - 녹색기둥의 정원까지 둘러보고 이야기관으로 들어서려는데, 하필이면 그날이 월요일이라 휴관이더군요. 창문 너머로 안쪽을 슬쩍 한번 들여다본 후 허탈한 마음으로 건물 뒷면으로 돌아갔더니, 거기에 사진 속 자작나무들이 서 있더군요. 붉은 벽돌로 지어진 전시관 벽면과 흰색 자작나무 수피가 제법 잘 어울려 보였습니다.

'역시 자작나무 멋지군!'

감탄 한번 해 주고, 이리저리 옮겨 다니면서 사진을 찍었습니다. 수직·수평 패턴이 있는 대상을 찍을 때는 각도가 잘 안 맞으면 좀 못 견디는 편이어서, 늘 이리저리 뛰어다니며 여러 컷을 찍곤 합니다. 저만 그런 건 아니라고 스스로 위안을 해 봅니다.

흰색과 붉은색도 대비가 되어서 사진을 찍었는데, 자세히 사진을 들여다보니 벽돌에 희미하게 붙어 있는 담쟁이도 보이고, 나무 아래에는 겨울철 방충 목적으로 설치한 것 같은 끈끈이 막도 보입니다. 마치 빼빼로 과자처럼 보이네요. 날이 좀 더 따뜻해지면 담쟁이들도 녹색으로 변하고, 끈끈이 막도 없어지겠지요? 벽 위쪽으로는 낮은 목제 펜스도 보이고 에어컨 실외기도 보입니다. 여기가 사람 사는 건물이라는 걸 알려 주는 것 같습니다. 한가운데 있는 나무 뒤로는 파이프도 살짝 보이네요. 빗물 홈통인가 했는데, 전기선을 가리기 위한 것 같기도 합니다. 그러고 보니, 여름철 더위로 고생할(?) 자작나무들이 조금 불쌍한 것 같은 생각도 듭니다. 원래 추운 데 살던 녀석들인데 말이죠.

사진 속 사물들을 구석구석 살펴보는 게 은근히 재미있습니다. 역시 관심을 가지는 만큼, 딱 그 만큼만의 이야기를 들려줍니다. 올봄에는 선유도공원에 한 번 더 가 봐야 할 것 같습니다. 나머지 이야기를 좀 더 들어 보려고요.

좋~을 때다

좋~을 때다 @선유도공원, 서울, 2016

SONY DSC-RX100, focal length 15.6mm, 1/80s, f/9.0, ISO 125

봄날 토요일 오후, 선유도공원에는 정말 사람이 많더군요. 따뜻한 봄날을 즐기기에 공원만큼 좋은 장소가 또 있을까요? 봄을 온몸으로 맞으러 온 상춘객도 많았지만, 그에 못지않게 코스프레하는 팀들도 많았습니다. 선유도공원은 역시 코스프레의 성지입니다. 특히 녹색기둥의 정원!

제 눈에도 특이하게 보이는 코스프레가 어르신들 눈에는 오죽할까요? 나무 그늘에서 쉬고 계신 어르신 눈에 희한한 드레스 입고 사진 찍는 모습이 신기하게, 그리고 아마도 한편으로는 한심하게 보이셨나 봅니다. 반면에 한껏 차려입은 코스프레 일행들은 사진 찍기에 여념이 없고요. 세 분이 동시에 반대편 젊은 친구들을 바라보는 모습이 제 눈에는 너무 재미있게 보였습니다. 그래서 멀리서나마 한 컷! 어르신들 보시기에 좀 못마땅해 보일진 몰라도, 제 눈에는 세대별로 공원을 즐기는 서로 다른 방법을 보여 주는 순간으로 보였거든요. 우연하게도 양쪽이 3:3으로 적절한 균형까지! 다양한 세대가 함께 이용하는 선유도공원의 특징을 잘 보여 주는 것 같아서 페이스북에 올려 보았습니다. '세대 차이? 이해 불가! 저것들은 뭐하는 거여?'라는 제목으로.

김○○: 왼쪽이요, 오른쪽이요?
신○○: ㅋㅋㅋ 이 사진 재미나네~.
조○○: ㅎㅎ
정○○: 어느 쪽이 '저것들'인 건가요?^^
문○○: ㅋ·· 피차 그러고 있겠지.
배○○: ㅎㅎㅎ

역시 댓글들은 재미납니다. '저것들'이 어느 쪽이냐는 댓글이 특히 그렇죠? 공원은 사실 어느 특정한 세대의 소유물이 아니지요. 어르신들에게도 젊은 세대들에게도, 나름대로 공원을 찾는 이유가 다 있습니다. 그래서 거창하게 말하자면, 공원이야말로 세대 간 소통의 장소가 될 수 있지 않을까 하는 생각도 듭니다. 마침 이런 댓글도 있었습니다.

김○○: 두 쪽 모두 '참 좋다' 이런 생각을 할 수 있지 않을까요?^^ 좋을 때다.
저 어르신들의 여유로움이 좋다. 뭐 이런. ㅎㅎ
ㄴ주신하: 그럴 수도 있겠네요.^^ 좋을 때다….^^
양○○: "두 팀 다 좋은 시간이다"에 한 표 추가입니다. ㅎㅎ
ㄴ주신하: "두 팀 다 좋은 시간이다." ^^
장○○: 저~기 어머님들께서 그러시겠지~. "지금이 좋을 것이다~~."

그렇네요. 제가 달아 놓은 제목인 '저것들은 뭐하는 거여?'보다는 '지금이 좋을 때다'가 훨씬 더 즐거운 결론인 것 같습니다. 그것도 서로 좋다고 생각하면 금상첨화겠지요. 아! '지금이 좋을 때다'는 그냥 무미건조하게 읽기보다는 '지금이 좋~~~~을 때다'라고 읽는 것이 맞습니다.

시간

time

사진을 찍다 보면 당시에는 별거 아닌 것 같은데,
바로 그 순간이 다시 오지 않는 기회였던 적이 꽤 있습니다.
대부분 날씨와 시간에 관련되어 있습니다.
역시 사진은 결정적 순간이 중요합니다.
그때가 아니면 안 되니까요.

해가 지다

해가 지다 @동호대교, 서울, 2017

Canon EOS 40D, focal length 200mm, 1/2000s, f/4.5, ISO 400

또다시 새해가 밝았습니다. 이번엔 어떤 사진으로 이야기를 할까 하다가, 얼마 전에 찍은 일몰 사진을 다시 골랐습니다. 매년 새해엔 해넘이(해돋이 아닙니다) 사진으로 새해를 시작하게 되는군요.

사진을 찍은 날도 바쁜 하루였습니다. 오전에 학교에서 세 시간 강의, 오후에는 자리를 옮겨서 동영상 강의의 촬영 일정이 꽉 잡혀 있었거든요. 학생들 반응을 보면서 강의하던 것이 습관이 되어 있어서 그런지, 동영상 강의 촬영은 굉장히 어색합니다. 그래서 학교에서 출발할 때부터 부담을 갖고 촬영 장소로 향했습니다. 어색한 두어 시간의 촬영. 다행히도 촬영하는 일이 생각보다 조금 일찍 끝나서 가벼운 마음으로 집으로 향했습니다. 꼭 학교 때 조퇴하는 기분이랄까요. 가끔 이럴 때도 있어야지! (뭐 사실 그렇게 이른 시간도 아니었습니다만.)

하여간 살짝 가벼운 기분으로 동호대교를 건너고 있는데, 붉게 물들어 가는 서쪽 하늘이 보였습니다. 그날따라 날씨도 정말 좋았는데, 그래서 그런지 서쪽 하늘에 아주 멋진 노을이 만들어지고 있었습니다. '집에 들어갔다가 차를 놓고 다시 나올까?' 잠깐 고민을 했죠. 다시 고개를 돌려 보니, 이미 해가 막 넘어가려는 찰나였습니다. 집에 들렀다가 나오면 이미 해가 다 넘어갈 것만 같았습니다.

'차를 세워? 아님, 그냥 슬쩍 보기만 할까?'

사진을 찍다 보면 당시에는 별거 아닌 것 같은데, 바로 그 순간이 다시 오지 않는 기회였던 적이 꽤 있습니다. 대부분 날씨와 시간에 관련되어 있습니다. 역시 사진은 결정적 순간이 중요합니다. 그때가 아니면 안 되니까요. 그 짧은 몇 초 동안 꽤 많은 변심(?)이 있었습니다만, 결국에는 차를 세웠습니다. 다행히 동호대교에는 옆에 차를 세울 만한 여유 공간이 있었습니다. 트렁크에서 카메라를 꺼내고 렌즈를 망원으로 바꾸었습니다. 그러고는 몇 컷(사실은 몇십 컷). 한 2~3분쯤 지났을까요? 사진을 찍고 나니, 그제야 뭔지 모를 묘한 만족감 같은 게 생기더군요.

'그래, 역시 차를 세우길 잘했어.'

집에 돌아와서 메모리카드를 옮겨 컴퓨터 화면으로 사진을 확인합니다. 많이 찍는다고 꼭 좋은 사진이 걸리는(?) 건 아니더군요. 특히 저 같은 아마추어 사진가에게는 말이죠. 그나마 그날은 좋은 날씨와 가까스로 맞춘 타이밍 덕분에 마음에 드는 사진을 몇 장 건질 수 있었습니다.

요즘 '여유'에 대해서 자주 생각해 보게 됩니다. 어린 시절 중년의 선배들의 안정적인 삶(나중에 안 사실이지만, 그분들의 삶도 그렇게 여유롭지만은 않았다는 걸 알았죠)을 부러워하며, '여유' 있는 삶을 꿈꾸던 시절이 있었습니다. 가정을 꾸리고 연배가 높아지고 수입이 늘게 되면, 자연스럽게 여유가 생기는 줄 알았습니다. 그런데 막상 그때 선배들의 나이가 되어버린 지금, 당시 꿈꾸던 여유 있는 삶은 도대체 어디에 있는 건지. 그래서 '여유'라는 게 절대적이고 물리적인 시간 개념이 아니라는 생각을 점점 더 하게 됩니다. 늘 바쁘고 조급하게 살아가야 하는 게 어쩔 수 없는 상황이라면, 이제 우리에게 필요한 건 노련하게(?) 여유를 부릴 새로운 기술인 것 같습니다. 차를 타고 가다가도, 노을을 보면 잠깐이라도 차를 세울 수 있는 결단 같은 것 말이지요. 어쩌면 제가 어릴 적 봤던 선배들의 여유는 그런 노련함의 다른 얼굴인지도 모르겠습니다. 독자 여러분들도 모두 행복하고 여유로운 삶을 누릴 수 있도록 기원하겠습니다.

가을의 끝, 겨울의 시작

가을의 끝, 겨울의 시작, 2005

Canon 300D, focal length 100mm, 1/50s, f/3.5, ISO 100

벌써 입동이 지났습니다. 새해가 시작되었다고 호들갑을 떨던 게 얼마 진인 것 같은데, 벌써 연말이군요. 시간 참 빠릅니다.

가을의 끝, 겨울의 시작. 언제부터 겨울일까요? 별게 다 궁금합니다. 그래도 요즘엔 이런 궁금증을 간단한 키보드 입력으로 해결할 수 있어 좋은 것 같아요. 네이버에 물어봤습니다. '가을의 끝, 겨울의 시작'이 언제냐고. 그랬더니 간단한 답만 나오고, 자세한 건 '위키백과'한테 물어보라는군요. 요즘엔 네이버보다 위키백과가 더 똑똑한가 봅니다. 그래서 다시 위키백과에 물어봤습니다. 역시 위키백과는 모르는 게 없습니다.

> 일반적인 구분으로는 북반구에서는 12월·1월·2월이고, 천문학에 따른 구분으로는 동지(약 12월 22일경)에서 춘분(약 3월 22일경)까지를 말한다. 절기로는 입동(11월 7일경)에서 입춘(2월 7일경)까지이다. 기상학에서는 일평균 기온이 5도 이하로 내려가 9일간 유지될 때, 그 첫 번째 날을 겨울의 시작일로 정의한다.
>
> – '겨울', 위키백과

일반적인 기준은 그냥 1년을 네 등분한 것 같은 성의 없는 답 같죠? 천문학 기준으로는 좀 느리고, 절기는 또 너무 앞서가는 것 같고요. 가장 과학적일 것 같은 기상학적 정의에 따르면, 겨울이 시작된 후 9일이나 지나야 그 시작을 알 수 있겠네요. 시작을 알리는 방법치고는 너무 느리고, 까다롭기까지 하네요. 뭐 이 정도면 "많~~이 추우면 겨울입니다"라고 말하는 편이 훨씬 더 정확할지도 모르겠군요. 여러분들은 언제가 가을의 끝, 겨울의 시작이라고 생각하시나요? 겨울옷 꺼낼 때부터라고요? 아니면 첫눈이 올 때? 혹시 나뭇잎이 다 떨어질 때라고 말하는 분들도 있으시겠지요?

사진은 멋진 이미지를 보여 주는 것 자체로도 매력적이지만, 이미지를 통해서 생각과 감정을 전달할 수 있다는 점에서도 매우 흥미롭습니다. 가을의 끝을 사진으로는 어떻게 찍을 수 있을까요? 몇 해 전 이맘때 쯤, 아마 꽤 오래전인 것 같습니다. 지나가는 가을이 무척 아쉬웠나 봅니다. 역시 가을은 남자의 계절입니다. 가을이 아쉬운 건지 한 해가 지나가는 것이 아쉬운 건지 정확히는 기억이 나질 않습니다만, 하여간 '이렇게 허무하게 지나가는 가을을 이미지로 남기려면, 어떤 모습이어야 할까?' 하는 쓸데없는, 정말 쓸데없는 고민을 좀 했었습니다. 역시 뭔가 창조적인 짓을 하려면, 쓸데없는 고민을 할 여력이 있어야 하는 모양입니다.

그러던 중, 나뭇잎이 거의 다 떨어진 느티나무가 하나 보였습니다. 나무 주변에는 낙엽들이 가득 쌓여 있었습니다. '아, 저 녀석이다. 저 잎으로 마지막 낙엽처럼 보이게 찍어야겠다'라는 '아~~~주' 식상한 생각이 드는 순간, 아무래도 그건 좀 아닌 것 같아 떨어진 나뭇잎 중에서 마음에 드는 녀석을 하나 집어 들었습니다. 그리고 집안으로 가지고 들어왔죠. 책상 위에 나뭇잎을 올려놓고 사진기를 꺼내 들었습니다. 낙엽의 끝, '엽병葉柄'이라고 하나요? 하여간 낙엽의 끝부분을 자세히 찍기 위해 삼각대와 접사 렌즈를 준비했습니다. 책상 위 스탠드는 조명 역할을, A4 용지는 바닥 배경을 맡았습니다. 그러고는 초점을 잎의 끝부분에 맞췄지요. 철커덕! 회색 배경에 노란 낙엽이 그럴듯해 보이지 않습니까?

자, 지금부터 가을 끝! 그리고 겨울 시작입니다.

가을 인증

가을 인증 @서울여자대학교, 서울, 2016

Fuji Xerox DocuPrint CM215b

제가 이 글을 쓰는 11월 초는 가을과 겨울이 밀당(?)을 하고 있는 중입니다. 한창 가을 같다가, 며칠 동안은 매섭게 춥기도 합니다. 그러다가 좀 기분이 좋아지면, 화창한 하늘로 다시 가을 분위기. 나이 들어가는 것 때문인지, 아니면 조경 전공자로서의 직업병 때문인지는 모르겠지만, 점점 계절이 바뀌는 것에 예민해져 가는 것 같습니다.

자동차 주차해 놓는 곳에 벚나무가 많이 심겨 있습니다. 화려한 봄꽃들도 좋지만, 이맘때의 단풍도 상당히 멋지지요. 그리고 몇 걸음 건물 쪽으로 오면, 계수나무들을 만나게 됩니다. 이 노란 계수나무 단풍도 어딘가 친근한 느낌이 들어 자꾸 눈길이 가게 됩니다. 평소에 제가 그렇게 낭만적이진 않습니다만, 바닥에 떨어진 낙엽 중에서 마음에 드는 녀석으로 벚나무 잎과 계수나무 잎을 하나씩 주워 봤습니다. 살짝 젖은 잎의 색이 아주 예쁘더군요. 그래서 사진을 찍을까 하다가, 더 좋은 방법이 떠올랐습니다.

연구실로 가져와서 신문지 사이에 며칠을 끼워 두었다가(사실 끼워 둔 것을 잊고 있다가, 며칠 후 책상 위에 신문지를 보고 아차 하며 다시 꺼냈습니다), 잘 마른 잎을 스캐너에 올려놓았습니다. 스캔한 후에 포토샵으로 살짝 색을 강조하는 커브질(?), 거기에 바탕을 흰색으로 정리하는 센스까지. 이번 달 가을 증명사진은 이렇게 탄생했습니다. 흰 바탕에는 글이 많아지면 정신없어질 테니, 말을 되도록 줄이겠습니다. 이 이미지로나마 지나가는 가을, 잠깐 잡아 보렵니다.

계절은 반복된다

계절은 반복된다 @서울여자대학교, 서울, 2010

Canon IXUS 860 IS, 사진 네 장 합성

학교에서 생활하다 보면, 언제가 새해의 시작인지 헷갈릴 때가 많습니다. 1월 1일은 당연히 공식적인 새해 첫날이고, 음력 설날에도 새해 복 많이 받으시라는 인사를 나누기도 합니다. 어떤 분들은 시작이 두 번이라서 새해 결심하기 더 좋다는 분들도 있더군요. 작심삼일이 한참 지난 뒤에 음력설이 돌아오니까, 뭐 그리 틀린 말도 아닙니다.

그런데 학교에서 3월은 또 다른 한 해의 시작입니다. 겨울방학 동안 한참을 못 보던 학생들이 새 학년을 맞아 학교로 돌아옵니다. 게다가 아직 고등학생 티를 벗지 못한 신입생들을 보면 또 다른 의미에서, 어쩌면 선생 입장에서는 더 절실하게 새해가 시작되었다는 느낌을 갖게 되니까요. 행정적으로도 3월부터 새로운 '학년도'가 시작됩니다. 그래서 3월은 학교에서는 새해의 시작입니다.

계절도 마찬가지입니다. 봄의 출발이라고 할 수 있는 3월이 진정한 새해의 시작이기도 합니다. 저는 가끔 그런 생각을 해 보곤 하는데, 왜 봄이 아니라 한참 추운 겨울의 한가운데에서 새해를 시작했을까 하는 생각 말이지요. 자연스럽게 모든 생명이 싹트기 시작하는 봄부터 새해가 시작되는 게 더 자연스럽지 않았을까요? 계절을 이야기할 때도 봄-여름-가을-겨울이라고 말하니까요. 첫눈도 마찬가지인데, 1월 1일에 눈이 온다고 첫눈이라고 하진 않잖아요? 저같이 생각했던 사람들이 또 있었던 모양이네요. 춘분을 기점으로 새해를 시작하던 문화권도 있었다고 하니까요.

한겨울에 시작하는 이유를 굳이 찾아보자면, 어쩌면 낮의 길이가 길어지기 시작하는 날을 기준으로 했기 때문이라고 하네요. 낮 길이가 가장 짧은 동지가 양력 12월 22일 근처니까, 그때부터 새로운 해가 시작하는 것으로 볼 수 있겠죠. 그래도 1월 1일이 새해 첫날이 되는 건, 천문학적으로 딱 맞는 것도 아닙니다. 10일 정도 차이가 있으니까요. 세상에는 별 이유 없이 정해진 원칙들도 꽤 많으니, 그 정도로 넘어가는 게 좋을 것 같습니다.

사설이 좀 길었네요. 이번 사진은 제가 근무하는 서울여자대학교의 모습입니다. 한동안 제가 주차하던 구석진 길의 모습인데, 차를 세워 둔 후에 심심해서(?) 한 컷씩 기록해 놓은 사진을 계절별로 합성한 사진입니다. 뭐 사실 그냥 심심해서 찍은 건 아니고, '사계절을 한 컷의 사진으로 담을 수는 없을까?' 하는 생각으로 나름 '기획'한 사진입니다. 합성할 걸 염두에 둬서 비슷한 각도를 유지하려 줄눈이 겹치는 곳을 정해 두고, 그 자리에서 계속 찍었거든요. 하여간 생각날 때마다 사진을 찍어 둔 걸 잘 겹쳐서 한 장으로 '뽀샵질'을 좀 해 보았습니다. 어때요? 그럴듯해 보이지 않나요?

3월 초인 지금은 아직 사진 맨 왼쪽 모습은 아니지만, 좀 지나면 슬슬 꽃망울이 올라오고, 또 조금 더 지나면 벚꽃이 활짝 필 날도 오겠지요. 그러고는 좀 더워지다가 단풍도 들고, 눈이 오면 또다시 겨울. 언제나 그렇듯이 계절은 반복될 거고요.

올해 들어 벌써 세 번째 시작을 맞습니다. 벌써 두 달이나 흘러갔지만, 왠지 3월은 되어야 새해가 시작되는 것 같지 않나요? 혹시 연초에 세운 결심이 좀 흐트러지셨다면, 3월에는 다시 마음을 가다듬고 새 기분으로 다시 시작해 보시는 건 어떨까요?

벚꽃 편지지

벚꽃 편지지 @자동차 앞유리창, 서울여자대학교, 서울, 2017

Apple iPhone 7 plus, 1/300s, f/1.8, ISO 20

비 오는 날 가장 운치 있는 장소는 어디일까요? 여러분들은 어디를 추천하시겠습니까?

물론 답이 정해져 있는 것은 아니겠지만, 저라면 자동차 앞좌석을 추천해 드리고 싶습니다. 유리창에 부딪히는 빗방울 소리와 함께 듣는 음악은 정말 운치가 있지요. 음악이 더해진 창밖 풍경은 한 편의 영화입니다. 특히 앞자리는 창에 맺힌 빗방울들을 통해 살짝 왜곡된 세상을 볼 수 있어 더욱 매력적입니다. 그러다 윈도 브러시를 움직이면, 하늘에 그려진 그림을 지우고 새 그림을 그리는 느낌도 듭니다. 비 올 때 한 번쯤 여유를 갖고(이게 중요한 포인트!) 시도해 보시길.

비 오는 봄날이었습니다. 차를 세워 둔 연구실 뒤편 길에는 벚꽃이 한창이었는데, 낮 동안 내린 봄비로 꽃잎들이 다 떨어져 버렸습니다. 덕분에 차는 꽃잎으로 단장을 한 상태였죠. 아주 예뻤습니다. 앞자리에 앉으니, 하늘을 배경으로 한 꽃잎들이 더욱 예뻐 보였습니다. 그런데 그날따라 카메라를 안 가져올 줄이야. 아쉽지만 꽃잎 가득한 유리창 사진은 포기하고, 윈도 브러시로 꽃잎을 한쪽으로 밀어 버렸습니다. 운전에는 큰 방해가 될 테니까요. 그런데 뭔가 포기하면 또 새로운 게 얻어지나 봅니다. 한쪽으로 몰린 꽃잎들이 꽤 그럴듯하게 보이네요. 한쪽으로 모인 꽃잎들이 마치 줄기에 매달린 꽃들같이 보였습니다. 이런 행운 포기하면 안 됩니다. 아쉬운 대로 핸드폰으로라도 꼭 담아야지요. 빗방울이 좀 더 유리창을 메울 때까지 기다렸다가, 다시 몇 장 더 찍었습니다. 그리고 적당히 크롭crop을 하니, 운치 있는 편지지(?)가 되었습니다. 뷰파인더를 통해 보는 세상은 그래서 즐겁습니다.

낮과 밤의 경계

낮과 밤의 경계 @새별오름, 제주, 2016

Canon EOS 40D, focal length 10mm, 1/3200s, f/7.1, ISO 100

요즘 일 년에 두 번 정도 제주도에 들릅니다. 공무원분들 대상으로 하는 강의를 맡게 되었거든요. 물론 강의가 가장 중요한 일이긴 합니다만, 평소 제주도까지 갈 기회가 별로 없던 저에게는 간 김에 반나절 정도 시간을 내서 '찜'해 놓았던 곳을 둘러보고 옵니다. 짧은 시간이지만, 제주도 곳곳을 둘러보는 재미가 아주 쏠쏠합니다. 이번에는 정말로 멋진 '이타미 준伊丹潤'의 비오토피아 박물관 시리즈[수(水)뮤지엄, 풍(風)뮤지엄, 석(石)뮤지엄]를 둘러보았는데, '역시 훌륭한 건축가는 주변 자연과 경관을 잘 활용할 줄 아는구나!' 하는 생각을 하게 되었습니다. 제주도 가실 일 있으시면 꼭 들러 보세요. '강추'입니다!

박물관 구경을 마치고 뿌듯한 마음으로 공항을 향하는 중이었습니다. 넓게 펼쳐진, 조금은 이국적인 제주도 경관을 보며 운전하던 중, 길가에 세워진 '새별오름'이라는 안내판을 발견하였지요. 예쁜 이름에 호기심이 생기기도 했지만, 사진가 김영갑 선생의 멋진 오름 사진들을 떠올리면서, '혹시나 나도 운 좋으면 괜찮은 사진을 건질 수 있지 않을까?' 하는 허황된 기대를 하고 핸들을 돌렸습니다. 입구가 좀 애매해서, '과연 이곳이 가는 길이 맞나?' 하고 의심하는 순간, 꺾어진 길 뒤로 높게 솟아오른 오름이 보이기 시작하더군요.

'아! 제주 오름이란 게 이런 느낌이구나!'

억새가 가득한 오름의 모습은 뭍에서 보는 산과는 참 많이 다른 느낌이더군요. 서울에서 별로 먼 곳은 아니지만, 제주도는 역시 독특한 뭔가가 있습니다.

사진을 찍기 시작했습니다. 그런데 막상 눈앞에 있는 오름을 사진으로 담기가 생각보다 쉽지 않았습니다. 넓게 펼쳐진 광활한 느낌은 거의 포기해야 할 판이고, 빛을 가득 머금고 바람에 흔들리는 억새들은 더욱 촬영하기 어려웠습니다.

‘아… 역시 어렵군. 아무에게나 허락하는 사진이 아니구나.’

거의 체념을 하면서, 내려다보는 맛이라도 느껴 볼까 하는 생각으로 천천히 오름을 올랐습니다. 그러나 이미 해는 뉘엿뉘엿. 게다가 얼마 남지 않은 비행기 시각을 고려하면 정상까지 오르는 것마저 포기해야 하는 상황. ‘뭐, 다음에 기회가 있겠지’ 하고 포기하려는 순간, 어느새인가 오름 그림자의 끝과 마주하게 되었습니다. 양지와 음지를 나누는 경계이자, 낮과 밤의 경계이기도 한 그림자의 끝. 한 걸음 안쪽으로 들어가면 해가 지는 모습을, 다시 한 걸음 바깥쪽으로 나오면 아직 지지 않은 해의 모습을 볼 수 있는 바로 그곳. 오름의 부드러운 곡선 실루엣은 그림자 경계에서 얻을 수 있는 덤입니다. 부족한 실력이지만, 낮과 밤의 경계를 찍어 보려고 셔터를 계속 눌렀습니다. 언제나 그렇듯이, 많이 찍다 보면 하나쯤은 걸리는 게 있을 거라는 믿음으로.

사진은 진실을 이야기해 주지 않는다고들 하지요. 의도된 구성으로 진실을 왜곡하는 사진을 이야기할 때 자주 인용되는 문구입니다만. 반대로 사진이 아무리 사실적으로 표현해 줄 수 있다고 하더라도, 현장에서 받는 그 설명하기 어려운 느낌을 전달하기엔 한계가 있기도 하지요. 그래서 역시 직접 봐야 한다는 게 오늘의 결론입니다. 직접 보고 직접 느끼고, 그런 후에 판단해 보셨으면 좋겠습니다. 건축이나 조경 작품도, 그리고 경관도 마찬가지입니다.

태양의 퇴근

태양의 퇴근 @강화도 장화리, 인천, 2010

Canon EOS 40D, focal length 100mm, 1/1000s, f/8.0, ISO 100

새해가 밝았습니다. 해가 바뀔 때마다 늘 느끼지만, 세월 참 빠릅니다. 일출처럼 보이는 이번 사진은 사실 몇 년 전에 강화도에서 찍은 일몰 사진입니다. 동해 일출을 보러 가는 수고 대신에, 새해가 되면 저는 가끔 강화도로 낙조落照를 보러 가곤 하거든요. 너무 차가 막혀서 솟아오르는 해를 보는 것만큼 새해 기분이 나는 것은 아니지만, 바다로 천천히 떨어지는 태양을 보는 것도 굉장히 멋집니다. 도시에서 만나는 일몰과는 스케일이 다른 감동을 줍니다.

강화도 장화리는 일몰로 제법 유명한 곳입니다. 사진 찍기 좋아하는 사람들 사이에서는 '낙조마을'이라는 별칭으로 통하기도 합니다. 이런 유명한 출사 장소에 가면, 멋진 사진을 담기 위해 일찌감치 부지런한 사진가들이 좋은 자리를 다 차지하고 있죠. 장화리 앞바다에는 작은 섬이 하나 있는데, 여기가 바로 포인트입니다. 제가 조금 늦었나 봅니다. 섬과 일몰이 잘 겹쳐 보이는 명당에는 이미 삼각대를 펼친 사진가들로 더 낄 틈이 없었습니다. 출사 명소에서는 좋은 자리 차지하기 위한 은근한, 때로는 노골적인 신경전도 있습니다. 개인적으로 이런 자리싸움을 별로 즐기지(?) 못하는 편이라, 조금 떨어진 곳에서 일몰을 맞기로 했습니다. 바다로 직접 떨어지는 해 사진은 일찌감치 포기하고 한 발짝 물러섰던 거죠. 그런데 한발 뒤에서 본 일몰도 꽤 괜찮았습니다. 노을을 배경으로 둑 위에 나란히 서 있는 사진가들의 실루엣이 아주 멋지게 보였으니까요. 조금 더 기다리니, 태양도 사진가들 뒤로 살며시 내려와 큰 조명이 되어 주었습니다. 마치 퇴근하기 전에 선물을 주고 가려는 듯. 이때다 싶어서 열심히 셔터를 눌렀습니다.

'오, 한발 물러서니 또 이런 다른 시각을 만날 수 있구나!'

조금 뒤로 물러서서 세상을 보니, 또 다른 감동을 느낄 수 있네요.

또 올해에는 어떤 일들이 기다리고 있을까요? 작년보다는 조금 나아질까요? 새해 소망과 결심을 다져 보고 싶거나 멋진 낙조를 감상하고 싶으시다면, 강화도를 한번 찾아보시는 것도 좋지 않을까 합니다. 강화도의 맛있는 음식은 덤입니다. 떠나기 전에 절대로 잊으면 안 되는 것! 따뜻한 옷과 장갑, 그리고 모자!

이미지

image

사진은 우리 눈과 똑같은 이미지를 보여 주는 걸까요?
그림과 비교해 본다면 사진은 정말
우리가 본 그대로의 이미지를 만들어 주는 것 같지만,
사실은 전혀 그렇지가 않습니다.
사진기의 눈은 하나이고, 우리 눈은 둘이니까요.

수평에 대하여

수평에 대하여 @(왼쪽부터) 성구미포구, 당진, 2018 | 강화도 장화리, 인천, 2010 | 경기도미술관, 안산, 2017 | 일산호수공원, 고양, 2005 | 키웨스트, 플로리다, 미국, 2018 | 국립중앙박물관, 서울, 2012

풍경 사진을 찍을 때면, 다른 대상보다 좀 더 신경 쓰는 것이 있습니다. 바로 수평을 맞추는 일입니다. 예를 들면 바다, 호수, 길, 건물, 구조물 등으로 만들어지는 선을 정확하게 수평에 맞춘다는 의미입니다. 안정감 있는 사진을 얻기 위해서는 가급적 수평을 맞추는 것이 안전(?)합니다. 요즘 카메라에는 뷰파인더에 보조선이 보이거나 아예 수평계가 내장된 것들도 있어서, 촬영할 때 수평을 확인할 수도 있지요. 그래도 막상 모니터로 확인해 보면, 수평이 안 맞는 경우가 상당히 많습니다. '후보정'을 통해서 수평을 맞출 수는 있지만, 이것도 꽤나 성가신 작업입니다. 그래서 사진을 찍을 때 최대한 수평을 맞추려고 노력하는 편이죠. 건축 사진을 찍는 분들이 수직선에 강박을 갖는 것처럼, 조경 전공자들은 수평선에 꽤 많은 신경을 쓰는 것 같습니다(신경 안 쓰시는 분들도 물론 많습니다만).

'내가 찍은 사진들 중에 수평 구도가 강조된 사진이 얼마나 될까? 나중에 이런 사진들을 옆으로 쭉 늘어놓아 붙이면 재미있겠다.'

그래서 이번 사진은 수평선이 강조된 사진들을 모아 편집해 보았습니다. 이미 월간 『에코스케이프ecoscape』와 『환경과조경』에 소개했던 사진들 중에도 꽤 많더군요. 이 사진들을 모두 기억하시는 분들은 아마 없으시겠지만, 왼쪽부터 당진 성구미포구,[1] 인천 강화도 장화리,[2] 안산 경기도미술관,[3] 고양 일산호수공원,[4] 미국 플로리다주 세븐 마일 브리지,[5] 서울 국립중앙박물관[6]의 모습입니다. 과월호를 차곡차곡 가지고 계신 분들은 이 편집본과 비교해 보시는 것도 재미있을 겁니다.

사전을 찾아보니, '정지靜止한 수면처럼 평평한 상태'를 '수평水平'이라고 한다는군요. 역시 수평은 물과 관련 있는 말이네요. 그렇다면, 방에 물을 담아 놓고 물 높이에 사진의 수평선을 맞추어 전시하면 재미있을 것 같지 않나요? 아! 그렇게 되면 관객들은 수영복을 입어야 입장이 가능하겠군요.

1. "전지적 작가 시점", 『환경과조경』 2018년 12월호, pp.86~87.
2. "태양의 퇴근", 『환경과조경』 2017년 1월호, pp.42~43.
3. "다르게 보기", 『환경과조경』 2018년 4월호, pp.128~129.
4. "꽃이 빛을 만났을 때", 『에코스케이프』 2016년 9월호, pp.[illegible].
5. "세븐 마을 브리지", 『환경과조경』 2018년 2월호, pp.90~91.
6. "도시에서 하늘 바라보기", 『에코스케이프』 2016년 6월호, pp.88~89.

원형에 대하여

원형에 대하여 @행담도휴게소, 당진, 2019

Canon EOS 7D Mark II, focal length 55mm, 1/8000s, f/2.8, ISO 100

방울방울 화면을 가득 채운 하얀 동그라미들의 중첩. 이번 사진의 정체는 뭘까요? 오른쪽 아래에 있는 스테인리스 난간이 힌트입니다.

답부터 말씀드리자면, 이번 사진은 바닷물에 반사된 햇빛입니다. 비밀이라면, 낮은 조리갯값과 초점을 조금 흩트리는 약간의 요령! 반짝이는 빛을 찍을 때에는 조리개 상태가 최종 이미지에 큰 영향을 미치게 되지요. 조리개를 조이면(f값을 크게 하면) 빛이 조리개 모양에 따라 갈라지는 것처럼 표현되고, 반대로 조리개를 열면(f값을 작게 하면) 이 사진처럼 빛 모양이 원형으로, 때로는 다각형 모양으로 나오거든요. 거기에 초점을 가까운 쪽에 맞추는 것이 포인트입니다. 자, 그럼 한번 따라해 보실까요? 조리개를 활짝 열고 모델은 가까운 곳에, 그리고 멀리 있는 조명을 배경으로 야경을 촬영해 보세요. 조금만 응용하시면, 이 사진보다 훨씬 더 멋진 사진을 찍으실 수 있을 겁니다.

저렇게 의도적으로 조리개를 열고 초점을 맞추지 않아서 나오는 동그라미 형태를 '보케 bokeh'라고 합니다. 원래는 멍청이라는 뜻의 일본어 '暈け(ぼけ)'에서 유래한 말인데, 미국의 한 사진 잡지에서 이 용어를 그대로 쓰면서 세계적으로 보편화되었다는군요. 일본어 어감을 특히 좋아하지 않는 우리나라에서는 '빛망울'이란 용어를 쓰기도 하는데, 개인적으로도 이 말이 참 좋습니다. 망울이라는 단어가 주는 동글동글한 어감과 이미지가 정말 잘 맞아떨어지는 느낌이랄까요? 보케보다 훨씬 더 잘 어울리는 것 같아요.

초점을 살짝 흩트릴 때 발견하는 새로운 아름다움이라! 가끔은 너무 똑바로 세상을 보지 않는 것이 더 좋을 때도 있는 법이지요. 아, 이전의 "수평에 대하여" 사진을 눈여겨보신 분들이라면 눈치채셨겠지만, 이번 사진의 제목은 동그라미가 가득하다는 아주 단순한 이유로 자기 복제해 봤습니다.

실-호우-에-뜨

실-호우-에-뜨 @표선면, 제주, 2019

Canon EOS 7D Mark Ⅱ, focal length 17mm, 1/100s, f/4.5, ISO 500

실루엣silhouette. 영어로 써야 할 때마다 철자를 꼭 확인해야 하는 단어. 'l'이 한 개든가, 두 개든가? 중간에 어디 'h'자도 들어갔던 것 같은데? 영어에서도 그리고 우리말에서도 일상적으로 쓰이긴 하지만, 늘 헷갈리는 그런 단어지요. 헷갈리지 않으려면, '실-호우-에-뜨'라고 기억해야 할까 봐요.

실루엣은 '윤곽 안이 단색, 보통은 검은색으로 채워진 이미지'를 뜻하는 말입니다. 원래는 18세기 유럽에서 유행하던 초상화 형식으로, 검은 종이를 잘라 인물의 옆얼굴을 표현한 그림을 부르던 말이라는군요. 그러다가 조금씩 확장되어서, 현대에는 밝은 배경에 사물의 윤곽선이 강조된 형태를 지칭하는 의미로 다양한 예술 분야에서 사용되고 있습니다.

자료를 찾아보다 알게 된 사실인데, 이 단어가 사람 이름에서 유래했다고 하네요. 에티엔드 실루에트Étienne de Silhouette란 사람이 그 이야기의 주인공입니다. 실루에트는 프랑스 루이 15세 때 재무장관을 지낸 사람인데, 재무장관을 지내는 동안 경제가 심각하게 좋지 않았던 모양입니다. 이런 어려운 경제 상황이 초상화 제작 과정에도 반영되었는데, 상세히 얼굴을 그리는 대신에 검은색 종이를 오려서 인물의 특징만을 묘사하는 방식이 유행했답니다. 초상화를 값싸게 만들기 위한 궁여지책이었겠지요. 게다가 실루에트 장관 자신도 굉장히 인색한 사람이어서, 값싼 방식으로 초상화 만드는 걸 좋아했다고 합니다. 그래서 그의 이름을 따서, 외곽선이 강조된 검은 색 이미지를 '실루엣'이라고 부르게 되었습니다.

프랑스 말에서 “à la silhouette”란 어구는 ‘경제적으로, 싸게 만드는’의 뜻으로 사용되기도 한다는군요. 한번 안 좋아진 이미지는 회복하기 참 힘들군요. 전 세계적으로 몇백 년째 ‘인색한 실루에트’로 불리니 말이죠. 그러고 보니, 보르비콩트Vaux-le-Vicomte를 만든 니콜라 푸케Nicolas Fouquet도 루이 14세 때 재무장관이었지요? 우리가 아는 역대 프랑스 재무장관들은 그렇게 썩 좋은 이미지는 아닌 것 같네요.

이번 사진은 뭘까요? 사진을 처음 배울 때, 해를 바라보고 찍으면 안 된다는 이야기를 많이들 들어 보셨을 겁니다. 역광이 되어서 피사체가 제대로 찍히지 않기 때문에 나온 이야기지요. 틀린 말은 아닌데, 또 언제나 맞는 것도 아닙니다. 원칙을 깨뜨리면 새로운 결과가 나올 수도 있는 거니까요. 역광으로 찍으면, 피사체의 상세한 특징은 다 사라지고 윤곽선만 남습니다. 바로 실루엣 사진을 만들 수 있는 거지요. 이번 사진은 일출을 담아 보겠다고 아침에 해변으로 나갔다가 찍은 사진입니다. 그런데 기대했던 것과는 다르게, 수평선 위로 가득 찬 구름! 바다에서 떠오르는 일출을 찍을 만한 덕을 쌓지 못했나 봅니다. 대신에 하늘을 배경으로 돌담 실루엣 사진을 담는 거로 만족해야 했지요. 역시 언제나 예상은 빗나갑니다. 그렇지만 예상이 빗나가면 어떻습니까? 그 덕에 실루에트 장관 이야기도 알게 되고, 사람들이 모여 웅성거리는 듯한 모습의 돌담 사진도 얻었으니, 그것도 괜찮은 거 아니겠어요?

페이퍼 플라워

페이퍼 플라워 @대림미술관, 서울, 2018

SONY DSC-RX100, focal length 28mm, 1/30s, f/5.0, ISO 1600

진짜보다 더 진짜 같은 가짜. 다들 그런 경험 한두 번씩은 있으시지요? 너무 정교하게 만들어진 밀랍 인형이나 음식 모형을 보고 속았다는 느낌이 들었던 적 말이지요. '히든싱어'에서 원조 가수가 떨어지는 모습을 재미있게 본 적도 있으신가요? 영화 '매트릭스'에서 보여 준 진짜 세계와 가짜 매트릭스의 모호함도 정말 매력적이었죠. 과연 '진짜'라는 건 무엇일까요?

공격적인 마케팅으로 많은 관객을 모으고 있는 대림미술관에서, 'Paper, Present: 너를 위한 선물'이라는 제목으로 전시를 한 적이 있지요. 제목에서 알 수 있듯이, 모든 작품이 종이로 만들어진 전시였지요. 종이를 접어 만든 조형물들, 칼로 종이를 파내어 기하학적인 무늬를 만든 작품, 종이를 붙여 만든 가구와 장난감, 심지어 종이로 만든 정원까지. 그야말로 종이로 할 수 있는 모든 것을 보여 주는 그런 느낌의 전시였습니다.

그중 가장 인상적인 작품은 종이로 만든 등나무였습니다. 바로 이번 사진의 주인공이지요. '꽃잎에 스며든 설렘'. 전시장 한 공간을 가득 메운 이 작품은 스페인 출신의 건축가와 디자이너로 구성된 완다 바르셀로나Wanda Barcelona라는 디자인 스튜디오의 작품입니다. 흐드러지게 핀 등나무꽃의 형상에서 영감을 받아, 4,000여 개의 종이 꽃송이와 4,000여 개의 크리스털로 만들었다고 하네요. 처음에는 하늘에서 떨어질 듯한 수많은 꽃송이들에 압도되어 감탄사가 나오다가, 한발 더 다가가면 정교하게 만들어진 종이 등나무에 또 한 번 놀라게 됩니다. 더구나 우리(?)같이 뭔가를 어렵게 만들어 본 사람들에게는 작품을 만들기까지의 많은 시간과 노력이 상상되면서, 감탄의 밀도가 남다르게 다가오지요.

그러다가 문득 이런 생각이 들었습니다. 최근에 진짜 등나무를 보면서 이렇게 감탄한 적이 있던가? 등나무가 아니라 다른 나무들을 보면서라도 비슷한 감동을 한 적이 있던가? 진짜보다 더 감동적인 가짜라니, '아이러니'라고 하기엔 뭔가 좀 씁쓸하더군요. 그래도 뭐, 쩝! 진짜건 가짜건 간에, 요즘 같은 세상에 뭔가를 보고 감동할 수 있다는 게 어딥니까!

공원에서 무한을 만나다

공원에서 무한을 만나다 @북서울꿈의숲, 서울, 2010

Canon IXUS 860 IS, focal length 9.107mm, 1/400s, f/4.0, ISO 80

"야, 너 세상에서 제일 큰 숫자가 뭔지 알아?"

"글쎄? 백? 천? 억?"

"'조'도 있고 '경'이라는 것도 있대."

"'무량대수無量大數'야. 이 바보들아. 이게 세상에서 제일 큰 숫자래. 우리 할아버지가 그랬어."

"그래? 숫자 이름이 좀 이상한데? 그거 숫자 이름 맞아?"

혹시 '구골googol'이라는 말 들어 보신 적이 있나요? 매우 큰 수와 무한대의 차이를 보이기 위해, 미국의 수학자인 에드워드 캐스너Edward Kasner가 제시한 숫자라는군요. 이 구골은 무려 10의 100제곱이랍니다. 1을 쓰고 그 뒤로 0을 백 개나 써야 한다는 거죠. 한번 써 볼까요?

1구골

$= 10^{100}$

= 10,000,000,000,000,000,000,000,000,000,000,000,000,000,000,000,000,000,000,000,000,000,000,000,000,000,000,000,000,000,000,000,000,000,000

글자를 작게 줄여야 겨우 한 줄에 쓸 수 있는 정도군요. 하여간 이 구골은 우주의 모든 원자의 수보다 많을 정도로 상당히 큰 수라고 하네요. 그런데 이 구골이라는 말, 어딘가 좀 익숙하지 않나요? 그렇죠. 이제는 다양한 분야로 진출하고 있는 바로 그 인터넷 검색회사, 구글google. 회사 이름을 등록할 때 숫자 이름인 구골로 하려다가 실수로 잘못 표기하는 바람에, 현재 이름인 구글이 되었다고 하네요. 인터넷 검색하는 걸 '구골링googoling'이라고 할 번했군요.

하여간 조금 시간이 흘러 중·고등학교에서 수학을 배우고 나서야, 이 이상스러운 질문의 답을 조금이나마 이해하게 됩니다. 세상에서 제일 큰 숫자는 없다는 걸 말이지요. 아무리 큰 숫자를 말하더라도, 거기에 1만 더하면 더 큰 숫자가 되는 이상한 구조. 무한대라는 건 생각할수록 매력적인 대상입니다. 적어도 어린 시절의 저에겐 그랬습니다. 이발소 거울들 너머로 끝없이 이어지는 내 얼굴과 뒤통수를 볼 때도, 그리고 지구, 태양계, 은하계, 그리고 더 먼 우주로 연결되는 끝없는 상상을 할 때도.

카메라에 잡힌 자전거 거치대의 모습은 잊고 지냈던 이런 상상력을 다시 깨우기에 충분했습니다. 사진은 북서울꿈의숲에 설치된 스프링 모양의 자전거 거치대의 옆모습입니다. 스프링 모양을 응용한 거치대 모습 자체도 재미있었지만, 무릎을 굽혀 옆쪽에서 들여다보니 전혀 새로운 모습으로 보였습니다. 마치 무한의 세계로 빠져들 것만 같은 원들의 연속. 저기 보이는 자전거 너머로 다른 세계가 열릴 것만 같은 기대감. 이상한 나라의 앨리스나 폴이 금방이라도 뛰어나올 것 같은 느낌. 익숙한 사물에서 발견하는 신선한 모습. 이게 사진을 찍는 재미가 아닌가 싶습니다.

날이 아주 따뜻해졌습니다. 공원 산책하기에도 더할 나위 없이 좋은 계절이지요. 공원에서도 무한대를 만날 수 있으니 좀 밖으로 나가 보시는 건 어떨까요? 아. 북서울꿈의숲 전망대에 올라가시면, 드라마 '아이리스'의 이병헌과 김태희도 만나실 수 있습니다.

탈피하는 집

탈피하는 집 @도카마치, 일본, 2015

Canon EOS 40D, focal length 10mm, 1/21s, f/5.0, ISO 640

'에치고쓰마리越後妻有(えちごつまり)'는 일본 니가타현 남단에 위치한 도카마치十日町시와 쓰난마치津南町라는 두 곳의 지방자치단체를 묶어 부르는 명칭입니다. 도쿄에서 서북쪽으로 약 200여km 정도에 위치한 지역인데, 우리나라로 치자면 3~4개의 군 단위와 작은 소도시가 합쳐진 정도의 규모입니다. 이곳은 전형적인 일본의 농촌 지역인데, 인구 감소와 고령화 등의 문제로 지역 붕괴의 위기에 처하게 되었습니다. 우리 농촌과도 크게 다르지 않은 그런 상황이지요. 그런 지역을 다시 활성화하고자, 2000년부터 예술가와 기획가, 지역 주민이 힘을 합하여 3년마다 예술제를 개최하고 있습니다. 그래서 이 행사의 공식 명칭은 '에치고쓰마리 아트 트리엔날레Echigo-Tsumari Art Triennale'입니다. 초기에는 낯선 예술 작품들에 지역 주민들의 거부감도 있었지만, 예술제의 성과가 점차 나타나자 주민들도 자원봉사 형태로 아주 적극적으로 참여하고 있다고 합니다. 5회째였던 2012년에는 50만 명에 가까운 인구가 방문할 정도로 일본의 대표적인 농촌 활성화 프로그램으로 자리 잡았다고 하네요. 예술 작품은 논과 밭, 생활 공간, 폐교, 빈집, 댐, 터널, 선로 등 농촌 지역의 다양한 공간을 활용하여 작품을 전시하는데, 단순히 예술가의 작품을 전시하는 것에 그치지 않고 지역 주민들과 함께 작품을 제작·전시·관리하여 지역 주민들의 자긍심을 높이는 데도 기여하고 있다고 합니다. 우리나라 농촌 지역에서도 한 번쯤은 시도해 볼 만한 방식이 아닌가 합니다.

사진은 그런 작품 중의 하나인 'Shedding House脱皮する家'라는 작품입니다. 번역하자면, '탈피하는 집' 정도가 될 것 같네요. 한쪽 방향으로 결이 진 패턴이 마치 포토샵의 필터 효과 같기도 하고, 고흐Vincent van Gogh의 흐르는 풍경 묘사 같기도 하지요? 그런데 사진이 실제 그대로의 모습입니다. 이 작품은 빈 목조 주택의 안쪽을 조각칼로 파서, 일정한 패턴을 만든 것입니다. 그래서 작품 제목도 '탈피'하는 집입니다. 검은 목재의 표면과 조각칼로 드러난 목재 안쪽의 밝은 부분이 이루는 대비가 아주 인상적이지요. 벽은 물론이고 기둥, 바닥, 심지어는 천장까지 손이 닿을 수 있는 부분은 모두 조각칼로 팠습니다. '어떻게 저기까지 팠을까?' 하는 곳까지 꼼꼼하게 작업되어 있었습니다. 누가 이런 작업을 했을까 궁금했는데, 구라카케 준이치鞍掛純一라는 조각가와 니혼대학日本大学의 조각 전공 학생들이 꼬박 2년 반 걸려 작업했다고 하더군요. 작가와 학생들이 농촌 빈집에 모여서 벽을 파대는 모습을 처음에는 주변 주민들도 달갑지 않은 시선으로 바라보았다고 하는데, 이제는 이 작품이 예술제를 대표하는 작품 중의 하나가 되었습니다.

이 작품에 대한 반응은 호불호가 분명히 갈리는 편이었습니다. 꼼꼼한 일본인 특유의 성격과 끈기의 결과라고 긍정적으로 해석하시는 분들도 있었던 반면에, 현기증이 날 정도로 온통 파 놓은 모습에서 편집증을 연상하는 분들도 있었습니다. 저는 약간 후자에 가까운 편이었습니다만, 의견이 일치하는 부분도 있었습니다.

도대체, 작품에 동원된 학생들은 무슨 죄를 지은 걸까요?

세 개의 태양

세 개의 태양 @디뮤지엄, 서울, 2016

Canon EOS 40D, focal length 16mm, 1/200s, f/5.6, ISO 320

2015년 말, 서울 한남동에 새로운 명소가 또 하나 생겼습니다. 단국대학교 한남캠퍼스가 이전하면서 만들어진, 우리나라에서 가장 비싸다는 바로 그 아파트 단지. 아, 그런데 제가 말씀드리려는 곳은 아파트가 아니라 그 단지 바로 옆에 있는 미술관, 디뮤지엄D Museum 입니다.

그곳에서 2015년 12월 5일부터 2016년 5월 8일까지 개관 기념 특별전으로, '라이트 아트Light Art' 작품을 선보이는 '아홉 개의 빛, 아홉 개의 감성Spatial Illumination - 9 Lights in 9 Rooms'전이 열렸습니다. 빛을 매개로 하는 설치, 조각, 영상, 사운드, 디자인 등 다양한 작품들을 전시 제목처럼 아홉 개의 방에 설치한 신선한 구성이었지요. 모두 빛을 주제로 하지만, 각양각색의 형태와 표현 방식을 담은 아홉 점의 작품들. '빛'을 색, 소리, 움직임과 같은 다양한 감각과 결합해 전달하는 경험은 매우 흥미로웠습니다.

새로운 경험에 민감한 젊은 세대를 겨냥한 마케팅도 주목받았지요. 전시장 내에서 사진을 마음껏 찍을 수 있도록 해 주었는데, 셀카와 SNS에 익숙한 세대에게는 아주 대단한 환영을 받았습니다. 해시태그를 타고 꼬리를 물고 퍼진 이미지가 저절로 전시를 홍보하는 중요한 수단이 되기도 했습니다. SNS 사진을 통해 관심이 생기고, 그렇게 찾아온 미술관에서 사진을 찍고 다시 공유하고. 이런 반복이 해시태그 10만 건 이상이라는 큰 성과를 만든 원동력이라는 평가가 많더군요. 누적 관객 수도 26만 명을 훌쩍 넘겼다고 하니, 미술 전시로는 그야말로 대박이 난 셈입니다. 관람객의 68%가 20대라는 자료도 이러한 마케팅의 지향점을 알려 준다고 볼 수 있겠지요. 바야흐로 미술관도 이제 마케팅 시대입니다.

이번 사진은 바로 이 전시에서 만난 작품으로, 독일 작가인 데니스 패런Dennis Parren의 "Don't Look into the Light"입니다. 얼핏 보면 흰 벽에 구조물이 얽혀 있고, 다양한 노랑·파랑·보라색으로 벽에다 그림을 그린 것처럼 보이지만, 사실은 빛으로 만든 그림자입니다. 그림자는 빛이 닿지 않는 곳에 생기는 어두운 부분이지요? 그런데 그림자로 여러 가지 색을 만든다는 게 금방 이해가 되진 않습니다.

이런 신기한 느낌은 아마도 우리가 하나의 태양에 너무도 익숙한 나머지, 서로 다른 빛을 동시에 경험한 적이 없어서 그런 것 아닌가 합니다. 그런데 이 작품에서는 구조물의 동그란 판 뒤편에 RGBRed-Green-Blue 색을 지닌 광원을 숨겨 두었습니다. 그리고 조금씩 거리를 두고 천장에 광원을 설치해서, 각각의 빛이 만드는 그림자를 어긋나게 만들어 놓았습니다. 같이 설치된 와이어는 빛을 가리는 역할을 해서 그림자를 만들고, 이렇게 서로 다른 빛이 가려지고 합쳐지는 과정을 통해서, 다양한 패턴이 벽을 장식하게 되는 것이지요. 미술 시간에 배운 것도 같은, 빛의 가산 혼합! 이 벽 옆쪽에는 사람들이 움직이면서 그림자가 변하는 것을 경험하는 공간도 있는데, 세 개의 빛이 만들어 내는 낯선 조합을 온몸으로 확인이라도 하려는 듯, 관람객들은 한참을 머물며 팔다리를 흔들어 봅니다. 하여간 서로 다른 빛이 만드는 경험은 마치 다른 우주 공간에 와 있는 것 같은, 문자 그대로 '색色다른' 경험이었습니다.

항성이 두 개인 태양계 — '쌍성계'라는 것도 있다고 하더군요. 태양이 두 개라는 이야기죠. 두 개의 태양이 서로 공전하고, 그 주위를 다시 행성들이 회전하는 시스템인 것 같습니다. 그런 태양계에 사는 사람이 있다면, 아마 두 개의 그림자가 더 익숙하겠지요? 두 태양의 크기나 밝기가 서로 다르면, 그림자도 서로 다르게 보일 수 있을 거고. 만약에 세 개의 태양이 서로 다른 색을 낸다면, 전시장에서의 경험이 더 익숙한 세상이 아닐까요?

요즘 전시회 구경을 가끔 다닙니다. 미술 작품을 통해서 새로운 생각도 해 보고, 일상에서 살짝 벗어나는 느낌도 좋더라고요. 그리고 마케팅 기법을 적극적으로 도입하는 미술관에서도 배울 게 있는 것 같습니다. 그럼 자, 주변에서 마음에 드는 전시 하나 골라 보시죠.

이미지 에볼루션

이미지 에볼루션, 2006

Canon EOS 300D, focal length 200mm, 1/125s, f/7.1, ISO 100

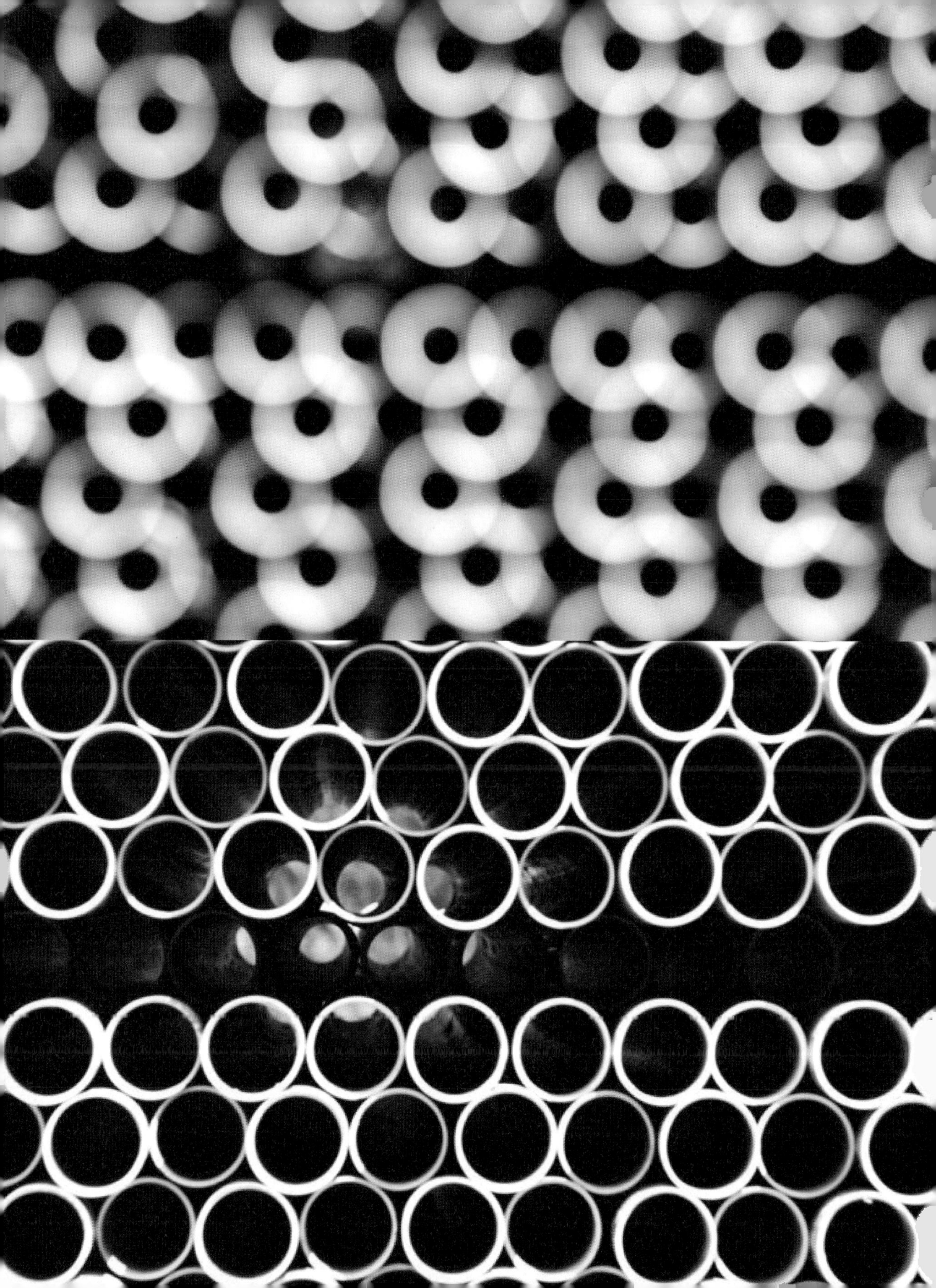

"사진을 잘 찍으려면 어떻게 해야 할까요?"
"저도 잘 찍지 못하는데요?"
"그래도 멋진 사진들 많이 올리시잖아요."
"아… 그런 사진들이라면…, 우선 많이 찍으시면 됩니다."

바야흐로 온 국민이 사진가인 시대입니다. 며칠 전 기사를 보니, 스마트폰 유저 중 트위터 사용자보다 인스타그램 사용자가 더 많아졌다고 하더군요. 사용자뿐만 아니라 인스타그램을 더 자주, 그리고 더 오래 사용한다고 합니다. 정말 이미지가 텍스트를 압도하는 시대에 살고 있는 모양입니다.

멋진 사진을 찍으려면 어떻게 해야 할까요? 가끔 제 SNS에 올린 사진을 보고 저런 질문을 하시는 분들이 있습니다. 제게는 참 난감한 질문입니다. 사진 좋게 봐주시는 것은 정말 고마운데, 저도 답을 잘 모르는 질문이거든요. 하여간 그럴 때마다 많이 찍어 보라고 말씀드리곤 합니다. 많이 찍다 보면, 한두 장쯤은 마음에 드는 게 있지 않겠어요?

물론 사진은 카메라라는 기계를 통해 결과를 만드는 것이니만큼, 꼭 알아야 할 기본적인 그리고 기술적인 지식이 필요합니다. 노출이니, 셔터스피드니, ISO니 하는 것들을 잘 알고 있으면 좋겠지요. 조금 예술적인 욕심이 있으신 분들이라면, 구도나 색감에 관한 이론들도 많이 접해 보시면 좋을 거예요. 또 잘 찍은 사진들을 많이 접해 보시는 것도 좋은 방법이 될 수 있을 겁니다. 그런데 때로는 순전히 우연하게 찍은 사진이 걸작이 되는 경우도 있는 것 같습니다. 그래서 '우연'이 생길 정도로 충분히 많이 찍어야 한다는 이야기입니다.

이번 내용은 그렇게 '우연'히 건지게 된 사진 이야기입니다. 모두 네 장으로 구성된 일종의 연작이고, 피사체는 공사용 PVC 파이프를 쌓아 놓은 더미입니다. 제가 참 좋아하는 사진이라서, 동호인들끼리 하는 전시회에 출품한 적도 있습니다. 그래서 이렇게 좀 멋지게 소개하고 싶은 생각도 들긴 합니다.

> "평소 익숙한 사물에 대한 일반적 인식을 전복하기 위해, 피사체의 원형을 해체하고 다시 재구성하는 과정을 진화적으로 보여 주는 작품이다. 이러한 과정을 통해 현대인이 가진 상식과 편견을 통쾌하게 뒤집어 보는 것이 이 작품의 의도이다."

좀 있어 보이나요? 써 놓고 보니 그럴듯하게 보이긴 하는데, 아무래도 좀 현학적이지요? 잭슨 폴록Jackson Pollock까지 가지 않은 게 다행인 것 같기도 하네요. 이 사진에 대한 솔직한 제 설명은 아래와 같습니다. 당시 전시회 때 사진 옆에 붙어 있던 작품 설명이기도 합니다.

> "렌즈 AF(자동초점)가 고장 났었습니다. 고장 난 렌즈를 통해 본 세상은 또 다르게 보이더군요. 천천히 초점을 맞춰 가며 일상으로 돌아오던 과정, 익숙한 것을 다르게 보는 과정을 표현해 보고 싶었습니다. 사진을 보면서 '이게 뭘까?' 하는 궁금증이 드셨다면, 여러분과 소통하려는 제 의도는 성공입니다."

가끔 제가 사진을 왜 찍나 생각이 들 때가 있습니다. 사진가가 직업도 아니면서 말이죠. 기본적으로는 기록에 가깝습니다만, 가만히 생각해 보니 꼭 기록만을 위한 것은 아닌 것도 많이 찍더라고요. 그래서 내린 제 결론은? 익숙한 것을 다르게 보기!

시선의 깊이

시선의 깊이 @문화역서울 284, 서울, 2016

SONY DSC-RX100, focal length 37mm, 1/125s, f/4.9, ISO 320

어떻게 하면 3차원 공간을 2차원 평면에 표현할 수 있을까요?

동굴벽화를 그렸던 먼 인류로부터 핸드폰 셀카를 찍어 대는 우리 세대까지 계속되는 바로 그 고민. 3차원 세상을 2차원 종이에 표현하고자 하는 방법은 꽤 오래된 고민거리였죠. 물론, 오래된 문제인 만큼 해법도 꾸준히 제시되었습니다. 그중에서 가장 유명한 해결책이라면, 여러분들도 잘 아시는 투시도법에 의한 원근법perspective이라고 할 수 있습니다.

15세기 피렌체 화가들은 시점視點을 고정해 놓고 화면 중앙의 일정한 지점에서 대상까지 연결하는 가상의 선을 긋는 방식으로 투시도법을 정립했습니다. 멀리 있는 것은 작게 보이고 가까이 있는 것은 크게 보이는, 어떻게 보면 아주 단순한 경험을 기하학의 발달에 힘입어 작도법 형태로 발전시킨 것이라고 할 수 있겠네요. 당시 르네상스 시대의 과학적 발달을 예술에 적용한 결과인 셈입니다. 레오나르도 다빈치는 한 걸음 더 나아가서 빛의 산란 현상에서 착안한 대기원근법aerial perspective을 정립하기도 하였습니다. 멀리 있는 물체일수록 더 푸른빛을 띠고, 채도는 낮으면서 윤곽도 흐리게 표현하는 방식입니다(정말 다빈치는 못하는 게 뭐였을까요?). 동양에서도 물론 원근을 표현하는 방식이 있었습니다. 가장 단순한 방식은 먼 쪽을 화면 위쪽, 가까운 쪽을 아래쪽에 그리는 방법이었습니다. 이런 방식을 원상근하遠上近下 또는 상하법이라고 한다는군요. 또 가까운 것으로 먼 것을 가리는 방법이나, 먼 쪽은 옅은 색으로 가까운 쪽은 짙은 색으로 표현하는 방식도 쓰였습니다.

사진의 등장으로 직접 보는 것 같은 사실적인 이미지를 쉽게 얻을 수 있게 되었습니다. 그런데 정말 사진은 우리 눈과 똑같은 이미지를 보여 주는 걸까요? 그림과 비교해 본다면 사진은 정말 우리가 본 그대로의 이미지를 만들어 주는 것 같지만, 사실은 전혀 그렇지가 않습니다. 결정적 차이는 바로 눈의 개수와 관련이 있습니다. 사진기의 눈은 하나이고, 우리 눈은 둘이니까요. 그런데 바로 이 아무것도 아닌 것 같은 눈의 개수 때문에 입체감, 즉 공간의 깊이를 인식하느냐 못 하느냐의 중요한 차이가 나타납니다. 두 눈을 가진 우리는 양쪽 눈에 의해서 생기는 이미지의 미묘한 차이를 감지해서 대상까지의 거리를 느낀다고 하네요. 즉, 양쪽 이미지의 차이가 클수록 가깝게 인지하고, 차이가 작을수록 멀게 느낀다고 합니다. 그래서 요즘 3D 영화나 VR을 찍는 카메라를 유심히 살펴보시면, 렌즈가 두 개입니다. 가상현실을 제공하는 헤드셋도 우리 두 눈에 각기 다른 이미지를 보여 주지요. 하여간 그런 이유로, 하나의 눈을 가진 카메라로는 공간의 깊이를 제대로 표현하지 못하는 것이지요.

그렇다면, 눈이 하나뿐인 카메라를 통해서는 깊이를 표현하는 방법이 없는 걸까요? 완벽하진 않지만, 카메라에서도 시선의 깊이를 표현하는 방식이 있습니다. 바로, 사진 용어로는 '피사계 심도(被寫界 深度, depth of field: DOF)'라고 하는 것을 이용하는 것입니다. 피사계 심도는 사진을 찍을 때 초점이 잘 맞는 범위라고 할 수 있겠네요. 렌즈의 초점은 정밀하게는 단 하나의 면에 한정되어서, 실제로는 그 초점면을 중심으로 앞뒤로 사진이 서서히 흐려지는 현상이 나타납니다. 이 현상을 촬영에 잘 활용하면, 원하는 부분만 초점을 맞게 하고 배경 부분은 흐리게 표현하는 것이 가능해지는 거지요. 우리나라에서는 일반적으로 피사계 심도라는 말보다는 아웃포커싱out focusing이란 용어로 더 자주 사용되고 있는데, 사실 외국에서는 잘 사용하지 않는 '콩글리시'라고 하네요.

이번 사진은 2016년 문화역서울 284에서 전시되었던 설치 작품입니다. '복숭아꽃이 피었습니다'라는 전시였는데, 다양한 장르의 예술이 예전 서울역사에서 어우러지는 매우 흥미롭고 재미있는 전시였지요. 게다가 입장료도 무료! 건축가 국형걸은 전시장 입구에 플라스틱 박스를 쌓아서 '콤팩트시티Compact City'라는 설치 작업을 하였습니다. 콜라나 맥주를 넣는 플라스틱 박스처럼 생긴 모듈을 쌓아서 커다란 구조물을 만들었는데, 전형적인 교회건축의 내부 구조와 유사한 배치였습니다. 플라스틱 박스는 완전히 막힌 구조가 아니라 건너편이 보이는 형태였는데, 사진은 그런 박스를 통해서 보는 반대편의 관람객을 찍은 것입니다. 격자 너머 멀리 보이는 관객에 초점을 맞추니, 앞쪽 박스의 격자 부분은 초점이 안 맞아 번져 보이는 이미지가 만들어졌습니다. 제 나름대로는 시선의 깊이를 사진으로 찍어 보려는 의도였는데, 잘 표현되었는지는 모르겠군요. 공간의 깊이, 시선의 깊이를 한정된 프레임 안에 넣기가 그리 쉽지는 않은 것 같습니다. 뭐, 저 같은 아마추어 사진가에게는 어차피 모든 것이 다 도전이긴 합니다만.

물이 빛을 만났을 때

물이 빛을 만났을 때 @일산호수공원 음악분수, 고양, 2005

Canon EOS 300D, focal length 28mm, 1/3s, f/4.5, ISO 400

이번 사진의 주제는 '물'입니다. 더운 여름엔 역시 물이 최고지요. 온몸을 적실 수 있는 계곡물이나 파도와 함께 즐기는 바다가 한여름 더위를 잊게 해 주는 데 최고겠지만, 도시에서는 쉽게 즐길 수 없는 아쉬움이 있지요. 공원은 여러 가지로 도시에 필요한 존재입니다. 이런 아쉬움도 해결해 줄 수 있으니까요.

공원에는 다양한 형태의 물이 있습니다. 공원의 상징과 같은 연못, 그리고 더운 여름철 아이들에게 인기가 높은 바닥분수, 그리고 오늘 사진의 주인공인 음악분수도 공원에서 자주 볼 수 있는 물의 형태이지요. 음악분수는 낮보다는 밤에 보는 것이 훨씬 좋은 것 같습니다. 물과 음악, 그리고 아름다운 조명까지 더해지면, 더운 열대야도 아름다운 추억으로 변할 수 있을 것만 같습니다.

어두운 밤을 배경으로 솟아오르는 물이 빛을 만나면, 그야말로 형형색색形形色色으로 변합니다. 모양도 색깔도 음악에 맞춰 춤을 춥니다. 한참을 멍하게 보다가, 사진으로 남겨야겠다는 생각이 들었습니다. 그런데 음악분수는 사진 찍는 조건으로는 거의 최악에 가깝습니다. 충분한 빛이 부족해서 셔터를 오랫동안 열어 둬야 하는데, 피사체는 끊임없이 움직이는 물이니까요. 초점이 잘 맞는 정확한 사진은 일찌감치 포기해야 합니다. 대신에 빛을 만나 화려해진 분수를 배경으로 흐릿해진 경계의 사람들이 잡히네요. 역시 나쁜 게 있으면 좋은 것도 생기기 마련인가 봅니다. 몇몇 사진은 꽤 그럴듯한 그림처럼 보이기도 합니다. 이 사진은 그렇게 찍은 수십 장의 사진 가운데 하나입니다. 디지털카메라의 좋은 점! 일단 많이 찍고, 건질 거 있나 찾아보기!

더운 여름 며칠째 짜증만 내다가, 시원한 분수 사진으로 잠시나마 열대야를 이겨 보려고 안간힘을 쓰는 중입니다. 일기예보로는 9월까지 덥다고 하던데, 다들 건강하게 여름 마무리하시길.

담쟁이 발자국

담쟁이 발자국 @금호동, 서울, 2007

Canon EOS 300D, focal length 48mm, 1/640s, f/6.3, ISO 100

호랑이는 죽어서 가죽을 남기고, 사람은 죽어서 이름을 남긴다고 했던가요? 호랑이는 동물원에서만 봐서 잘은 모르겠지만, 사람은 죽어서 확실히 이름을 남기긴 하는 것 같습니다. 요즘처럼 매체가 발달한 세상에서는 죽기 전에 이미 이름을 알리는 사람들도 꽤 많이 있지요. 좋은 쪽인지 나쁜 쪽인지가 문제이긴 합니다만. 이름을 남긴다는 건 어떤 의미일까요? 물리적인 존재는 사라지더라도 기억 속에서 영원히 살아가는 것일까요? 이렇게 말하고 보니, 정말 멋진 일이군요. 후세에까지 계속해서 그 사람을 기억하는 것이라니! 그러나 역시 이름을 남긴다는 것은 그리 간단한 일은 아닐 것 같습니다.

그럼 식물은 죽어서 가죽을 남길까요, 이름을 남길까요? 글쎄요…, 이 사진을 보니 식물은 발자국을 남긴다고 해야 할 것 같습니다. 발자국? 네, 맞습니다. 발자국!

우리가 벽면을 녹화綠化할 때 가장 흔히 사용하는 소재라면, 역시 담쟁이를 떠올리시겠지요? 송악이나 인동 같은 덩굴도 있긴 하지만, 역시 담쟁이가 가장 친숙한 소재입니다. 한여름 벽면을 풍성하게 채운 모습이나, 가을에 온통 붉게 물들인 단풍은 정말 운치가 있지요. 특히 벽돌 건물에 담쟁이덩굴은 정말 잘 어울립니다. 경관적인 측면뿐만 아니라 여름에는 시원하고 실내 온도를 조절하는 효과도 있다고 하니, 여러 가지로 아주 훌륭한 소재인 것 같습니다. 문제는 겨울철인데, 잎이 다 떨어지고 난 후에 남은 줄기들이 지저분하게 보이기도 해서, 싫어하시는 분들도 꽤 많다는 것이지요. 그래서 겨울철이 되기 전에 소위 '관리'를 하는 아파트 단지에서는 담쟁이를 제거하는 작업을 하기도 합니다. 깨끗하게 보이기 위해 벽에 붙어 있는 덩굴줄기를 떼어 내고 없애 버리는 것이지요.

하루는 무심코 옹벽 옆을 걸어가고 있는데, 새 발자국처럼 보이는 게 있었습니다. 이게 뭔가 싶어서 길을 멈춰 자세히 들여다보았더니, 이건 새 발자국이 아니라 '흡반吸盤'이라고 하는 덩굴식물의 발이 남아 있는 모습이었습니다. 그제야 기억이 났습니다. 이곳에 담쟁이가 있었다는 걸 말이죠. 담쟁이 줄기는 제거했는데, 벽에 남은 발까지는 다 없애지 못한 것 같았습니다.

그야말로 담쟁이 발자국. 자세히 살펴보니 아주 재미있더군요. 걸어가는(?) 방향도 햇빛을 향해 있었습니다. 보폭(?)이 일정한 것도 신기하고 말이죠. 콘크리트 표면 같은 작은 틈을 비집고 들어가 기어이 한발 한발 전진한 걸 상상하고 있자니, 마치 살아 움직이는 동물을 추적하는 느낌이 들었습니다. '아! 이 녀석들이 이렇게 해서 담을 타고 올라가는구나' 그러면서 철컥!

얼마 전 페이스북을 통해 읽은 글이 생각이 납니다. '사진을 취미로 선택하면 좋은 20가지 이유'라는 글이었죠. 20가지가 모두 공감 가는 것은 아니지만, 그중에 꽤 그럴듯한 이유도 있었습니다.

"모르고 살았던 존재에 대한 관심이 생긴다."

다들 그러시겠지만, 요즘 사람들 참 바쁘게 살아갑니다. 작은 것에는 신경 쓸 짬이 없죠. '빨리빨리'에 익숙한 우리나라 특유의 문화 때문인지, 아니면 현대 사회의 빠른 속도감 때문인지는 잘 모르겠지만, 정말 숨 쉴 틈 없이 일주일, 한 달이 훌쩍 지나가 버립니다. 그래서 가끔은 좀 일부러 천천히 갈 필요도 있는 것 같습니다. 작은 것, 우리가 미처 잘 몰랐던 것에도 관심을 두면서 말이죠. 봄이 되면 주변에 관심 둘 것들이 많아지지요? 카메라 얼른 찾으십시오. 그리고 주변을 산책이라도 하는 건 어떨까요?

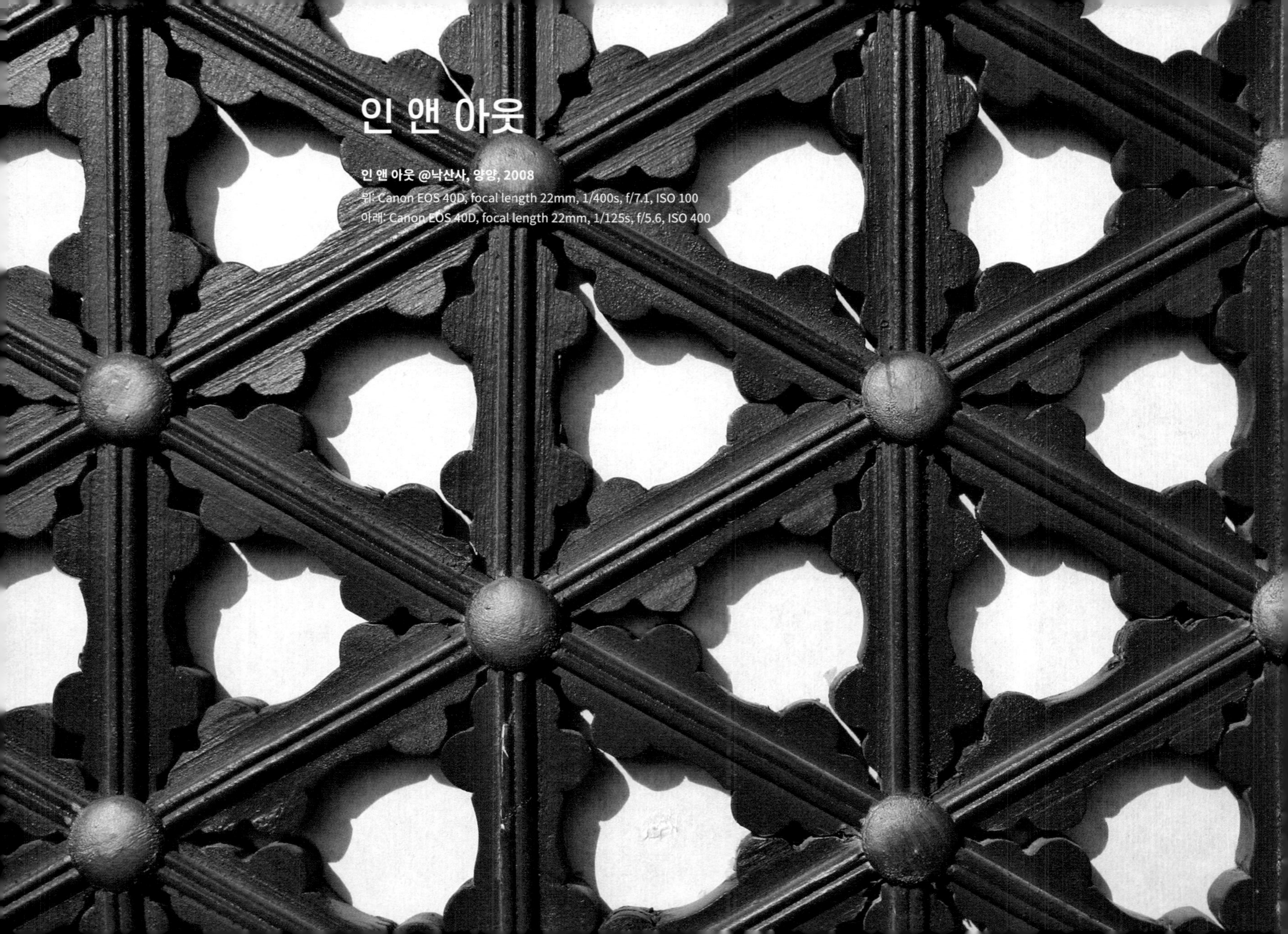

인 앤 아웃

인 앤 아웃 @낙산사, 양양, 2008

위: Canon EOS 40D, focal length 22mm, 1/400s, f/7.1, ISO 100
아래: Canon EOS 40D, focal length 22mm, 1/125s, f/5.6, ISO 400

인 앤 아웃in & out? (햄버거 이야기는 아닙니다.)

사진 찍을 때 역광은 안 된다는 상식이 있지요? 해를 마주보고 찍으면 피사체가 어둡게 나오기 때문에, 역광은 피하는 게 보통입니다. 특히나 역광으로 인물 사진을 찍게 되면 얼굴이 잘 나오지 않아서, 얼굴이 잘 나오게 하려면 해를 등지고 찍는 게 원칙이라고 할 수 있겠지요. 그러나 역광이라고 사진을 못 찍는 것은 아니지요. 오히려 역광으로 재미있는 효과를 낼 수도 있습니다. 역광 조건에서는 피사체보다 주변이 밝게 나오기 때문에, 아주 뚜렷한 실루엣을 얻을 수도 있으니까요.

이번 사진은 강원도 양양의 낙산사에 있는 꽃살문입니다. 우리나라 전통 한옥의 아름다움을 하나만 꼽자면, 역시 우아하면서도 날렵한 느낌의 지붕 선이라고 할 수 있겠지요. 우리나라의 지붕 선은 중국이나 일본과는 또 다른 멋이 있는 것 같습니다. 그런데 우리 한옥에는 자세히 살펴보면 지붕 선만큼 아름다운 구석이 참 많이 있더군요. 개인적으로는 그중에서도 문을 장식하고 있는 문양이 참 아름답다고 느껴지더군요. 낙산사에서 만난 이 문도 아기자기하면서도 꽉 짜인 모습이 참 인상적이었는데요. 붉은색과 황금색으로 구성된 육각형 패턴이 꽃처럼 보이기도 하고, 또 어떻게 보면 눈雪의 결정 모습 같기도 했습니다. 작은 디테일을 들여다보니, '언제 이걸 하나하나 다 만들어 붙여 넣었을까?' 하는 직업병(?)적인 생각도 하게 되고 말이죠.

그런데 건물 안으로 들어가서 문을 바라보니, 밖에서 봤을 때와는 전혀 다른 느낌이었습니다. 모든 디테일이 없어지고 어두운 면과 밝은 면으로 구분되는 단순한 패턴으로 변해 있더군요. 색은 다 사라져 버리고 군더더기 없는 형태만 남은 셈이 되었습니다. 빛과 그림자로 만들어진 추상화라고 해야 할까요? 이렇게 서로 다른 느낌이 참 흥미로웠습니다. 그래서 두 사진을 붙여 보았죠. 두 사진의 크기를 맞추기 위해서는 '뽀샵질'을 좀 해야 했습니다만. 붙여 놓고 보니, 추상화와 구상화를 붙여서 한 화면으로 구성하는 어떤 화가가 연상되기도 합니다. 물론, 비교하기엔 좀 무리지만요.

촬영 조건으로 보자면, 두 사진은 정반대의 조건입니다. 바깥쪽에서 본 사진은 순광, 안쪽에서 찍은 사진은 역광 조건에서 찍은 셈이지요. 그리고 그렇게 찍은 결과는 빛을 받는 쪽이냐, 어두운 쪽이냐에 따라서 이렇게 다르게 나타난 거죠. 같은 대상인데 보는 방향에 따라서, 빛의 위치에 따라서 이렇게 다르게 보이는 것이 신기하기도 합니다. 같은 사건을 놓고도 서로 다르게 해석하는 사람들의 모습과도 조금 닮아 있는 것 같지 않나요? 같은 사물, 다른 표현. 그래서 인 앤 아웃!

새들의 노래

새들의 노래 @샌안토니오, 텍사스, 미국, 2006

Canon EOS 300D, focal length 18mm, 1/25s, f/4.5, ISO 200

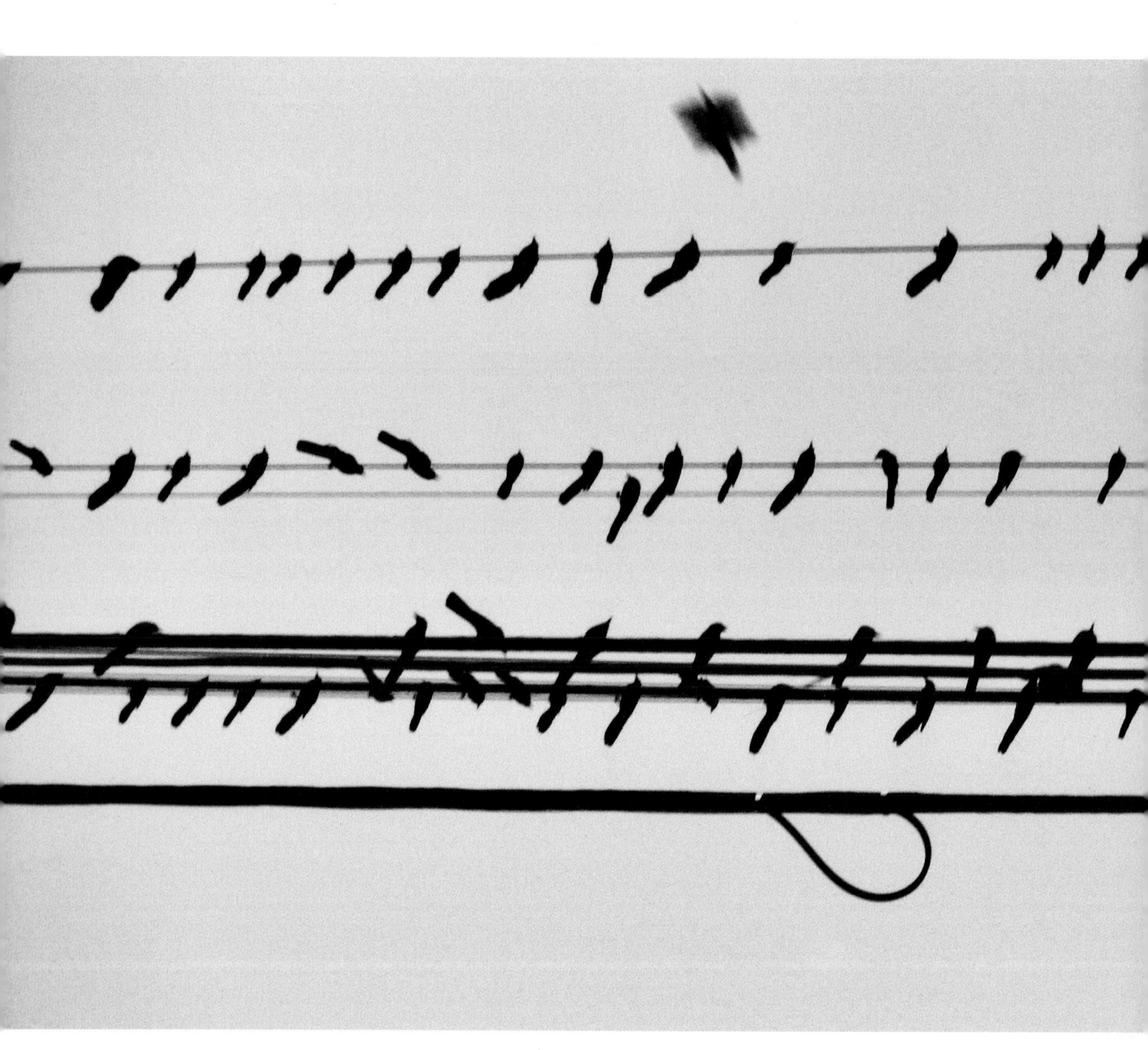

사진 찍는 일은 저에게는 주로 기록이 목적입니다. 부정확한 기억을 대신해 주는 용도로는 사진만 한 것이 없는 것 같습니다. 답사 때 본 것들을 기록해 놓아야, 나중에 강의나 글을 쓸 때도 사용할 수 있습니다. 스스로 많이 보고 느껴 봐야, 다른 사람들에게 쉽게 전달할 수 있을 거라는 게 제 생각입니다. 하여간 그래서 제게 사진은 기록이 목적인 셈이지요. 그런 면에서 디지털카메라는 제게 정말 축복입니다. 셔터 누를 때 부담감이 전혀 없잖아요. 마구 찍어도 필름 값 걱정은 안 해도 되니까요.

그런데 사진을 찍다 보면, 가끔은 뭔가 의미 있는 이미지를 만들고 싶은 욕구가 생길 때도 있습니다. 기록이 가장 기본적인 목적이긴 하지만, 그래도 좀 더 멋지게 보이고 싶고, 뭔가 의미를 담고 싶고, 다른 사람들과 다르게 표현해 보고 싶은 생각이 자연스레 생기더란 말이지요. 거창하게 표현하면, '이 순간이 바로, 예술이 시작되는 출발점 아닐까?' 하는 생각도 해 봅니다.

미국 출장을 갔을 때였습니다. 해외 사례 조사를 목적으로 리버워크River Walk라는 곳을 보기 위해 미국의 샌안토니오를 방문하게 되었죠. 리버워크는 원래 홍수 조절을 위해서 만든 수로였는데, 지금은 수로 주변으로 레스토랑, 카페, 기념품 판매점 등 다양한 상업시설들이 들어서서 도시 전체에 활력을 불어넣는 매력적인 장소가 된 그런 곳이었습니다. 낮은 수심에도 관광객을 가득 태운 유람선이 수로를 왔다 갔다 하는 모습이, 수변 공간 활용에 익숙하지 않은 제 눈에는 아주 신기해 보였습니다. 우리나라에도 이런 공간이 있으면 정말 좋겠다고 생각하면서 말이죠.

리버워크 답사를 잘 마치고 숙소로 되돌아가는 길에는 좀처럼 보기 어려운 장면 하나를 또 마주하게 되었습니다. 바로, 하늘을 가득 메운 새 떼들. 전선에도 빈틈없을 정도로 빼

곡히 새들이 앉아 있었습니다. 가끔 무리로 날아오르면, 검은 잉크가 퍼져 가는 것 같이 정말 온 하늘을 다 검게 물들여 버렸습니다. 히치콕의 영화 '새'를 연상시킬 정도로 정말 소름이 끼칠 만한 광경이었죠. 같이한 일행 중에 새를 싫어하는 분은 심하게 겁을 먹기도 했습니다. 다행히 저는 새에 대한 별다른 공포는 없어서, 그저 신기한 광경이라는 생각으로 사진을 찍었던 것 같습니다. 새가 많았다는 걸 기록하고 싶어서, 자연스럽게 전선 위의 새들을 찍었죠. 이렇게 한 컷, 저렇게 한 컷. 그렇게 여기서도 아마 수십 장은 찍었을 겁니다(디지털 만세!).

그런데 참 신기하게도, 어느 순간 전선 위에 있는 새들 모습이 꼭 악보처럼 보이더군요. 전선이 겹친 모습이 오선지 같기도 하고, 새들은 음표처럼 보이기도 하고 말이죠. '아, 이거 각도를 좀 틀어서 평면처럼 보이게 찍으면 정말 악보처럼 나오겠는걸?' 그래서 자리를 이동해서 철컥! 이 사진은 그렇게 만들어진 사진입니다.

나름의 의도대로 잘 나온 것 같아, 사진 동호회에 올렸지요. 사람들이 이 사진에 꽤 많은 관심을 보였습니다. 동호회 첫 화면에 있는 섬네일thumbnail로 보면, 정말 악보처럼 보였거든요. 이게 뭔가 하고 클릭한 사람들이 전선 위에 앉은 새들이라는 것을 확인하고는, 재미있다는 반응을 보인 거지요. "새들 모습이 정말 악보 같다", "왜 평범해 보이는 악보 사진에 댓글이 많은가 들어와 봤더니, 새들이라 신기했다", "새들 모습이 징그럽다", "제일 위의 날아가는 새는 너무 높은 음이라 목청이 터지겠다"는 나름의 신선한 해석까지.

답사 사진 찍다가 뭔가 새로운 생각이 들 때가 있으신가요? 매번은 아니겠지만, 가끔은 그런 느낌이 들 때도 있을 겁니다. 그러면 그때를 놓치지 마세요. 틀림없이 좋은 사진으로 여러 사람들에게 신선한 느낌을 줄 수 있을 거예요.

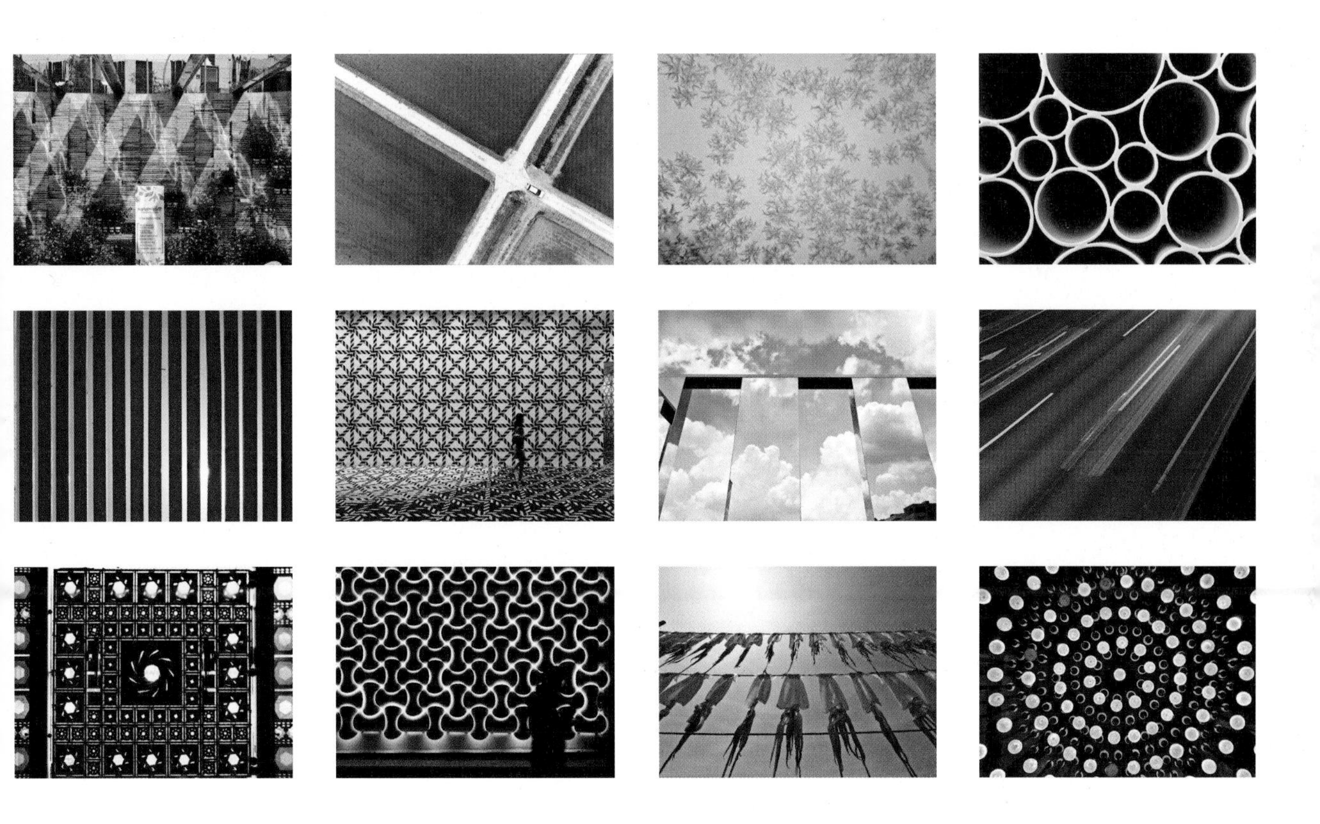

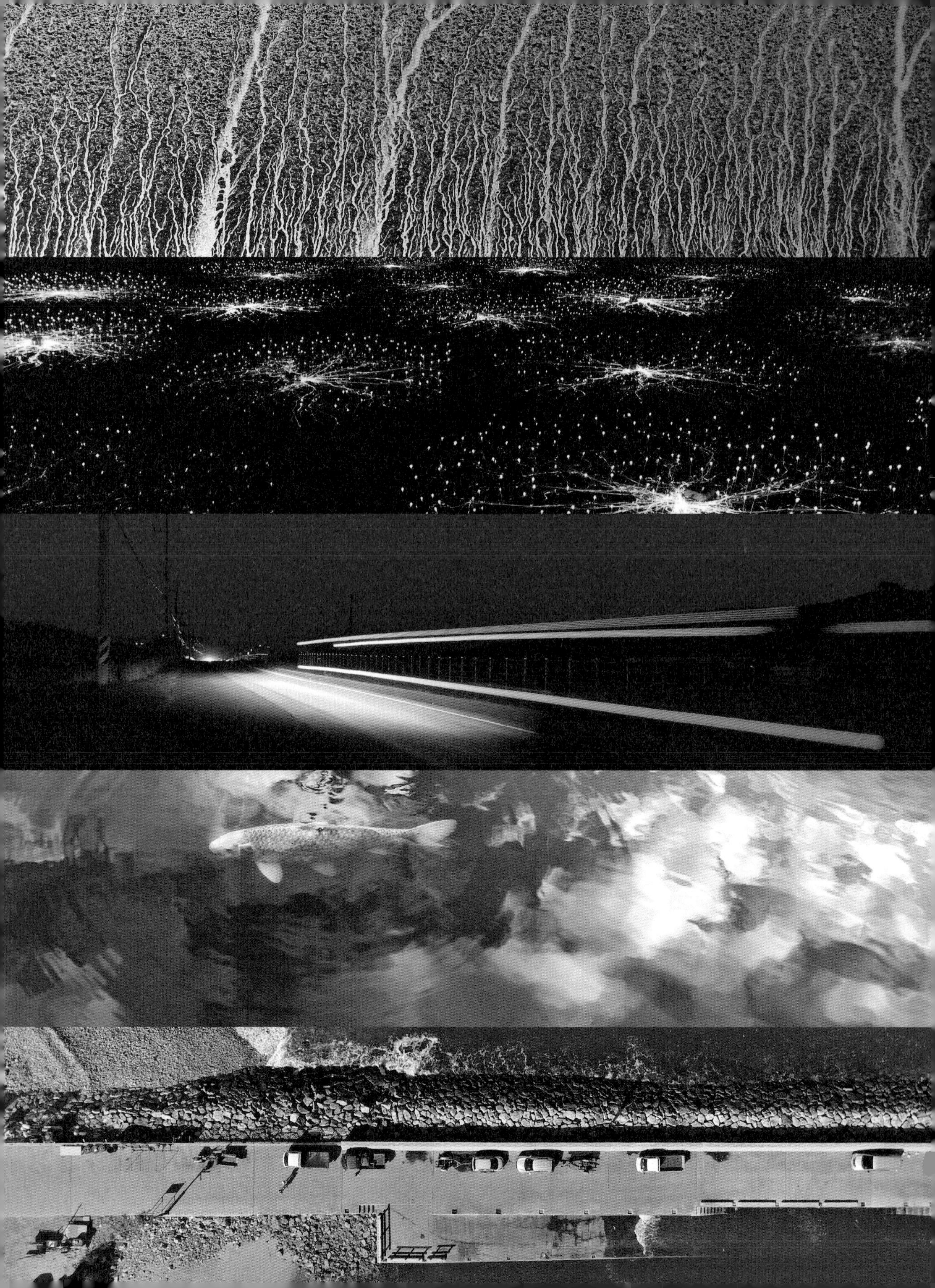

상상

imagination

뷰파인더를 통해 세상을 보면,
주변을 가리고 대상에 집중하게 되어서
일상을 벗어난 엉뚱한 상상을 하게 됩니다.
역시 디지털 세상이란!
렌즈를 통해 보는 세상은 그래서 더 즐겁습니다.

빛 꽃

빛 꽃 @다락옥수, 서울, 2019

Canon EOS 7D Mark Ⅱ, focal length 10mm, 1/6s, f/8.0, ISO 1000

'또 LED 장미야?'

좀 식상해 보이기도 했습니다. 몇 년 전 동대문디자인플라자DDP에서 큰 인기를 얻은 후로 정말 너무 많은 곳에 만들어진 LED 장미라서, 이젠 싫증이 나기 시작했거든요. 더구나 색이 바뀌는 LED 표현은 개인적으로 선호하지 않아서 말이죠. 지극히 개인적인 취향입니다만, 특히 색이 계속 바뀌는 조명을 보면 거부 반응이 들 정도입니다.

이번 사진은 '다락多樂옥수' 지붕에 설치된 LED 장미정원입니다. 다락옥수가 뭔가 싶으실 텐데요, 다락옥수는 옥수역 고가 하부 공간을 활용해서 만든 공공문화시설입니다. 고가 하부를 잘 활용하기 위한 다양한 아이디어가 시도되고 있지요? 운동시설을 설치하기도 하고, 컨테이너를 쌓아서 임시 주거나 사무 공간으로 활용하기도 합니다. 이곳 옥수역도 여러 번의 변신을 거듭한 끝에, 2018년 4월에 주민들을 위한 도서관과 모임 장소, 북카페 등으로 구성된 현재의 모습으로 새롭게 태어났습니다.

그런데 부드러운 이미지를 만들려고 그랬는지 건물 주변과 옥상에 맥문동을 식재했는데, 이 맥문동이 말썽이었던 모양입니다. 지난겨울 혹독한 추위로 맥문동이 다 죽어 버려서 오히려 흉물처럼 보였던 거죠. 주민들은 개선해 달라고 계속 요구했고, 그래서 맥문동 대신에 이 LED 장미정원이 만들어졌습니다.

지역 언론에 소개된 "4,000여 송이의 LED 장미꽃은 일곱 가지 다채로운 빛깔로 구성되어 주민들에게 아름다운 볼거리를 제공해 줄 것"이라는 성동구의 기대를 살짝 비웃으면서, 현장에 도착했습니다. 속으로는 '이런 클리셰는 이제 그만해야지' 하면서 말이죠. 그런데 막상 도착해서 보니, 이상스럽게도(?) 꽤 괜찮아 보였습니다.

'이게 무슨 조화지? 그동안 앓고 있던 LED 알레르기가 치유된 건가?'

주변을 가만히 살펴보니, 다른 LED 장미정원과는 좀 다른 점이 있었습니다. 고가 천장에 거울이 가지런히 설치되어 있었던 거죠. 사진 자료를 찾아보니, 처음 맥문동이 식재되었을 때부터 거울은 천장에 설치되어 있었습니다. 어두운 고가 하부를 밝히고, 또 녹색식물들이 반사되어 전체 공간이 숲처럼 보이게 하려는 의도였던 것 같아요. 새로 LED 장미정원을 조성할 때 이런 점까지 고려했는지는 모르겠지만, 하여간 이 거울들이 반짝이는 장미들을 반사해서 공간을 드넓게 확장해 주는 극적인 효과를 만들어 주고 있었습니다. 그래서 다른 곳에서는 느끼지 못했던 공간감이 LED 알레르기를 무력화한 모양입니다.

사진을 골라 놓고 글을 쓰다가, 아이디어가 떠올랐습니다.

'다채로운 빛깔로 볼거리를 제공해 주겠다는 구청의 의도를 한 컷으로 만들어 볼 수 있을까? 아, 이런. 오늘 다시 가 봐야겠네.'

잡지 연재를 시작한 이후로 글을 쓰다가 다시 사진을 찍으러 간 건 이번이 처음이었습니다. 하여간 이번엔 삼각대를 가지고 다락옥수를 다시 방문했습니다. 어두운 환경이라 느린 셔터 속도도 문제였지만, 같은 앵글로 여러 장의 사진을 찍어야 했거든요. 녹색일 때 한 컷, 흰색일 때 또 한 컷. 그리고 노란색일 때도, 붉은색일 때도 한 컷씩(사실, 사진은 수십 장을 찍고 골랐습니다만). 자, 이젠 사진들을 합성할 차례입니다. 같은 앵글이라서 합성하긴 편하네요. 이제는 색을 어떻게 배치할 것인지만 정하면 됩니다. 중간에 책이 접히는 부분이 조금 아쉬울 것 같긴 합니다만, 어쨌거나 이번 사진도 이렇게 완성되었습니다.

제가 찍는 사진의 대부분은 기록이 목적입니다만, 가끔은 제 생각을 표현하려고 찍기도 합니다. 그리고 그런 사진들은 익숙해 보이는 것들을 다르게 보이도록 찍은 것들이 많더군요. 거울이 LED 장미 위에 있는 우연과 함께, 변하는 색을 한 컷에 넣는 약간의 노력을 통해서 말이지요. 아, 이번 사진 제목은 벚꽃이 아닙니다. 'ㅊ' 받침이 두 개 연속된 '빛꽃'입니다.

숲을 보다

숲을 보다, 2009

Canon IXUS 860 IS, focal length 6.1420mm,
1/13s, f/3.2, ISO 200

숲.

이름만 들어도 어딘가 푸근한 느낌입니다. 푸르른 숲은 상상하기만 해도 왠지 마음이 편안해지지 않나요? 숲의 고요한 느낌, 숲속에서 느끼는 시원한 바람, 그리고 숲이 주는 건강함. 우리를 보호해 줄 것 같은 그런 공간이지요. 숲속을 걸을 때 느끼는 상쾌함은 그저 기분 때문만은 아닌 모양입니다. '피톤치드phytoncide'라는 물질의 발견으로 산림욕의 생체 효과가 널리 인정되고 있으니까요. 나무들은 미생물로부터 자신을 지키기 위해 휘발성 방향 물질을 발산하는데, 이 성분이 우리 몸에 있는 유해균을 살균하는 효과가 있다고 합니다. 이렇게 숲은 인간에게 공간적으로, 생체적으로, 때로는 심리적으로까지 큰 도움을 주고 있습니다. 인간이 숲으로부터 진화해서 나왔다는 설에도 공감이 가는 대목입니다.

우리나라는 산이 많아 생활 공간 가까이에서 숲을 쉽게 볼 수 있었지요. 동네마다 앞산이나 뒷산은 거의 다 있었으니까요. 그러나 최근 도시화가 진행되면서 도시의 숲들이 점점 더 없어지고 있습니다. 나무숲이 건물 숲으로 빠르게 대체되고 있는 양상입니다. 그래서일까요? 안식처를 잃은 현대인들은 숲에 대한 갈증이 더 많아지는 것 같습니다. 주말마다 근교 산에는 등산객들로 늘 붐비고, 휴양림의 숙박시설은 순식간에 다 예약이 끝나는 걸 봐도 쉽게 알 수 있습니다. 집이나 사무실 근처에 괜찮은 공원이라도 있다면, 그건 정말 운이 좋은 경우라고 해야 할 겁니다.

저도 숲에 대한 갈증이 있었던 모양입니다. 몇 해 전 눈이 많이 내린 어느 겨울날. 회의에 참석하기 위해 주차장에 차를 세우고 문을 닫는 순간, 갑자기 숲이 쫙 펼쳐졌습니다. '어, 이게 뭐지?' 사진 속 숲을 감상하시려면 약간의 상상력이 필요합니다(사진 왼쪽 위 손잡이 부분을 살짝 가리시면 더 효과가 좋습니다).

숲에 바람이 불었습니다. 큰 나무들은 휘어지고, 작은 나무의 가지들은 모두 부들부들 흔들리고 있습니다. 잎이 하나도 없는 거로 봐서는 아마 겨울인 것 같습니다. 앞쪽의 나무들부터 멀리 뒤쪽 나무들까지, 얼핏 봐도 꽤 깊이가 있는 숲 같아 보이네요.

숲 앞에는 호수가 있나 봅니다. 나무들의 반영反影이 물에 비쳐 보입니다. 어딘지 좀 스산해 보이긴 하지만, 그래도 이 겨울이 지나면 풍성해질 것만 같은 그런 숲입니다.

숲속 안쪽으로 걸어 들어가 보고 싶은 생각이 듭니다. 나무와 풀을 헤치고 안쪽으로 한 걸음씩 움직여 봅니다. 저 숲 너머에 누군가가 나를 기다리고 있는 것만 같습니다. 누가 날 기다리고 있을까? 그 순간 갑자기 중요한 생각이 떠오릅니다.

'이런, 회의 시간 늦겠다.'

자동차 앞문에 눈 흙탕물이 만들어 놓은 자국을 보면서 혼자 상상의 세계에 빠져 있다가, 회의 시간이 걱정되어 현실로 돌아온 거죠. 좀 허무한 생각도 들었지만, 얼른 카메라를 꺼내고 사진을 찍었습니다. 카메라를 늘 가지고 다니는 건 이럴 때 좋습니다. 뭔가 놓치고 싶지 않은 대상을 갑작스럽게 만났을 때 말이죠.

다행히 회의 시간에는 늦지 않았지만, 며칠 후 세차를 하는 바람에 저 숲은 사라져 버렸습니다. 그런데 희한하게도, 그 이후로는 한 번도 저런 숲을 제 차 문에서 볼 수가 없었습니다. 정말 저 순간에 제가 숲에 대한 갈증이 컸었나 봅니다. 만약 이 사진을 보고 숲이 정말 생생하게 느껴지신다면, 아마 둘 중의 하나일 겁니다. 상상력이 풍부한 조경인이거나, 아니면 스트레스가 심한 직장인이거나.

좀 쉬시는 게 어떨까요?

녹차밭 우주

녹차밭 우주 @다희연, 제주, 2018

SONY DSC-RX100, focal length 28mm, 1/2s, f/4.0, ISO 3200

어둠은 상상력을 자극합니다. 보이지 않는 결핍이 때로는 더 많은 것들을 상상하게 하는 아이러니를 만듭니다. 동굴 카페와 녹차밭으로 유명한 제주도의 한 농장에서, 빛을 주제로 하는 '라이트 아트 페스타Light Art Festa: LAF'를 선보이고 있습니다. 낮 동안에 평온하기만 하던 녹차밭이, 어둠이 내리고 빛이 들어오면 환상적인 야외 전시 공간으로 탈바꿈하는 거지요.

제가 이곳에 도착한 때는 해가 지기 한 시간 전쯤이었습니다. 넓은 녹차밭에 띄엄띄엄 설치물들이 눈에 들어왔습니다. 녹색에 대비되는 원색의 설치물들이 보기에 좋았고, 멀리 보이는 붉은 노을도 참 멋졌습니다. 자연을 배경으로 하는 야외 전시는 이런 뜻밖의 재미를 느끼게 하는 것 같아요.

'그런데 조명은 언제 들어오지?'

8시에 전체 점등된다는 안내를 듣고, 한참을 지루하게 시간을 보냈습니다. 드디어 8시. 사이렌 소리에 맞춰 전시물에 조명이 들어왔습니다. "와!" 감탄사가 여기저기서 흘러나옵니다. 해 지기 전에 보던 모습과는 전혀 다른 세상이 펼쳐졌습니다. 하나둘씩 나타나는 조명 설치 작품에 여기저기 탄성이 나오고, 가족들과 연인들은 추억을 담기 위해 사진 찍느라 바쁩니다. 전체적으로 너무 어두워 사진 찍기는 정말 어려웠습니다만.

이번 사진은 LAF의 대표 작품이라 할 수 있는 브루스 먼로Bruce Munro의 '오름Oreum, 2018'입니다. 브루스 먼로는 영국 런던 출신의 조명 설치 작가로, 영국과 호주에서 디자인 산업과 순수 미술 경력을 바탕으로 빛을 매개로 한 큰 스케일의 설치 작업을 해 오고 있습니다. 개인적으로는 미국의 한 식물원에 설치한 '빛의 들판Field of Light'이라는 작품을 인상 깊게 본 적이 있는데, 제주도에서 그의 작품을 다시 만나게 되어 아주 반가웠습니다. 이번 작품에서는 제주의 독특한 화산 지형인 오름과 제주도의 강한 바람을 표현하려 했다는군요. 실제 작품의 뒤편으로 보이는 '알밤오름'과도 아주 잘 어울립니다.

작품 구성은 전구를 원형으로 배열한 기본 형태를 반복하여 넓은 공간을 가득 채우는 방식입니다. 거기에 작품 내부에도 길을 내어서 작품 '안'을 걸으며 다양한 상상을 할 수 있도록 하였습니다. 전구들을 연결한 선에서도 빛이 나와서 마치 뉴런의 연결망이나 불꽃놀이처럼 보이기도 합니다. 저는 우주에 빛나는 별들이 탄생하고 소멸하는 과정처럼 보였는데, 여러분들 보시기엔 어떤가요? 녹차밭에서 우주를 상상하다니, 너무 멀리 갔나요? 하여간 다양한 상상을 하는 즐거움과 시각적인 경이로움을 동시에 느낄 수 있었습니다. 어두움을 밝히는 빛에는 그런 묘한 힘이 있습니다.

멀리 바다에 떠 있는 오징어잡이 배의 불빛이 조연처럼 배경에 보이기도 합니다. 저는 이 불빛들을 보면서 힘든 어부들의 삶을 생각하는 순간, 현실로 다시 돌아왔습니다. 제주도 방문을 계획하고 계신 분들이라면, 꼭 한번 가 보시길 추천합니다. 충분히 감상하시려면, 해 지기 전에 들어가서 여유 있게 감상한 후에 나오세요.

칠면초의 숲

칠면초의 숲 @제부도, 화성, 2018

Canon EOS 40D, focal length 70mm, 1/160s, f/10.0, ISO 100

그야말로 기록적으로 뜨거운 여름입니다. 40도에 육박하는 온도가 이젠 그리 낯설지 않네요. 더운 여름을 조금이나마 잊을 수 있을까 하는 마음에, 아주 잠깐 짬을 내어 제부도를 찾았습니다. 한두 시간의 여유를 상상하고 찾은 바닷가에도 역시 뜨거운 햇볕이 기다리고 있더군요.

제부도는 경기도 화성시에 속한 작은 섬인데, 썰물 때면 물이 빠지면서 육지와 연결되는 특이한 곳입니다. 하루에 두 번 정도 자동차를 타고 들어갈 수 있는데, 물때를 놓치면 한참을 섬에 갇혀 있어야 합니다. 바다도 바다지만, 사실 제부도를 찾은 건 최근 새로 만들어진 제부도 아트파크를 보기 위해서이기도 했습니다. 여섯 개의 컨테이너로 만들어진 이곳은 바다를 향한 조망 장소와 전시 공간이 잘 어우러진 그런 작품이더군요. 아트파크를 둘러보고 나니, 어느새 밀물 때가 되었습니다. 물이 턱밑까지 차오르는 도로를 따라 허둥지둥 겨우 섬을 빠져나오니, 그제야 주변을 가득 메운 빨간색의 귀여운(?) 풀들이 눈에 들어옵니다. 칠면초. 칠면조 아닙니다!

칠면초는 바닷가에서 군생하는 붉은색의 한해살이풀입니다. 군락을 이룬 칠면초를 멀리서 보면 마치 단풍이 물든 것 같은 느낌인데, 비현실적인 붉은색 해변이 아주 장관입니다. 제부도 칠면초 군락은 그리 규모가 크지는 않았지만, 둑길에서 아주 가까워서 몇 걸음만 내려가면 자세히 살펴볼 수 있는 장점이 있습니다. 가까이에서 본 칠면초의 모습은 군락에서 주는 느낌과 상당히 달랐습니다. 멀리서 볼 때는 거대한 붉은색 덩어리로 보였다면, 가까이서 보니 꼿꼿한 잎들이 갯벌을 뚫고 곧게 서 있는 한 그루의 나무처럼 보이더군요. '학생들 모형 만들 때 쓰면 딱 맞겠다'는 어쩔 수 없는 직업병적인 생각도 했습니다.

계속 보고 있으니 칠면초 하나하나가 나무처럼 보이고, 군락은 여지없이 숲처럼 보입니다. 저 나무들 사이로 사슴이라도 빼꼼히 나올 것만 같습니다. 사실, 렌즈를 통해 본 풍경은 그냥 눈으로 보는 것보다 더 많은 상상을 하게 합니다. 뷰파인더를 통해 세상을 보면, 주변을 가리고 대상에 집중하게 되어서 일상을 벗어난 엉뚱한 상상을 하게 됩니다. '후보정'으로 색을 다 빼고 나니, 더 상상과 닮아 가네요. 역시 디지털 세상이란! 렌즈를 통해 보는 세상은 그래서 더 즐겁습니다.

빛 자국

빛 자국 @동송읍 양지리, 철원, 2019

Canon 7D Mark II, focal length 17mm, 2s, f/3.5, ISO 400

299,792,458m/초(=299,792.458km/초)

어떻게 측정했는지는 잘 이해되지 않지만, 저 복잡해 보이는 숫자는 물리학자들이 말하는 빛의 속도입니다. 과학자들이 말하는 숫자들은 너무 크거나, 반대로 너무 작아서 실감 나지 않을 때가 많지요? 지구의 적도 둘레가 약 4만km라고 하니까, 저 속도면 1초 동안에 빛이 지구를 일곱 바퀴 반을 돌 수 있는 셈입니다. 뭐 이것도 실감이 안 나지요? 서울부터 부산까지 직선거리가 약 325km이니까, 1초에 460번쯤 왕복할 수 있는 속도입니다. 이렇게 해 봐도 실감이 나지 않긴 마찬가지군요. 그래도 사진에서 보이는 쭉 뻗은 붉은 빛은 정말 서울-부산 간을 1초에 한 460번쯤 왔다 갔다 할 기세지요?

철원군 동송읍 양지리. 군사 분계선과 불과 4~5km 남짓, 그리고 DMZ와는 불과 몇백m 떨어진 접경 지역의 밤은 도시와 비교할 수 없을 정도로 어둡습니다. 이번 사진은 이런 짙게 드리운 어둠 사이를 뚫고 지나가는 자동차 후미등의 궤적입니다. '물경' 2초 동안 열린 셔터 막 사이로 들어온 빛을 한 화면에 담은 결과지요. 사진은 움직이는 대상을 한 장면으로 포착하는 것이라고 할 수 있습니다. 셔터 막이 열리는 순간 들어온 빛을 화면으로 기록하니까요. 움직이는 세상을 정지 화면으로 기록하는 것. 그러고 보니, 어릴 적 얼음땡 놀이를 할 때 "얼음!"을 외친 순간과 비슷합니다. 얼음 이야기가 나와서 생각난 건데, 바닥 분수를 빠른 셔터 스피드로 찍으면 진짜 얼음 기둥처럼 보이기도 합니다.

지금 이 길은 자동차를 위한 이차선 도로인데, 예전 일제강점기에는 금강산으로 가던 철길이었습니다. 그것도 놀랍게도 '전기' 철도. 지금 생각해 봐도 전차를 타고 금강산까지 가는 여행은 꽤 낭만적이었을 것 같습니다. 분단 이후로는 금강산 여행이 어려워졌지만, 당시에는 금강산 열차가 꽤 인기 많았던 모양입니다. 철원역이 서울역 다음으로 클 정도로 많은 사람들이 찾았다고 하니까요. 과거 전기 철도가 다니던 길 위로 움직이는 현재 빛 자국. 열차를 움직이던 전기를 형상화한 것이라고 우겨도 되지 않을까요?

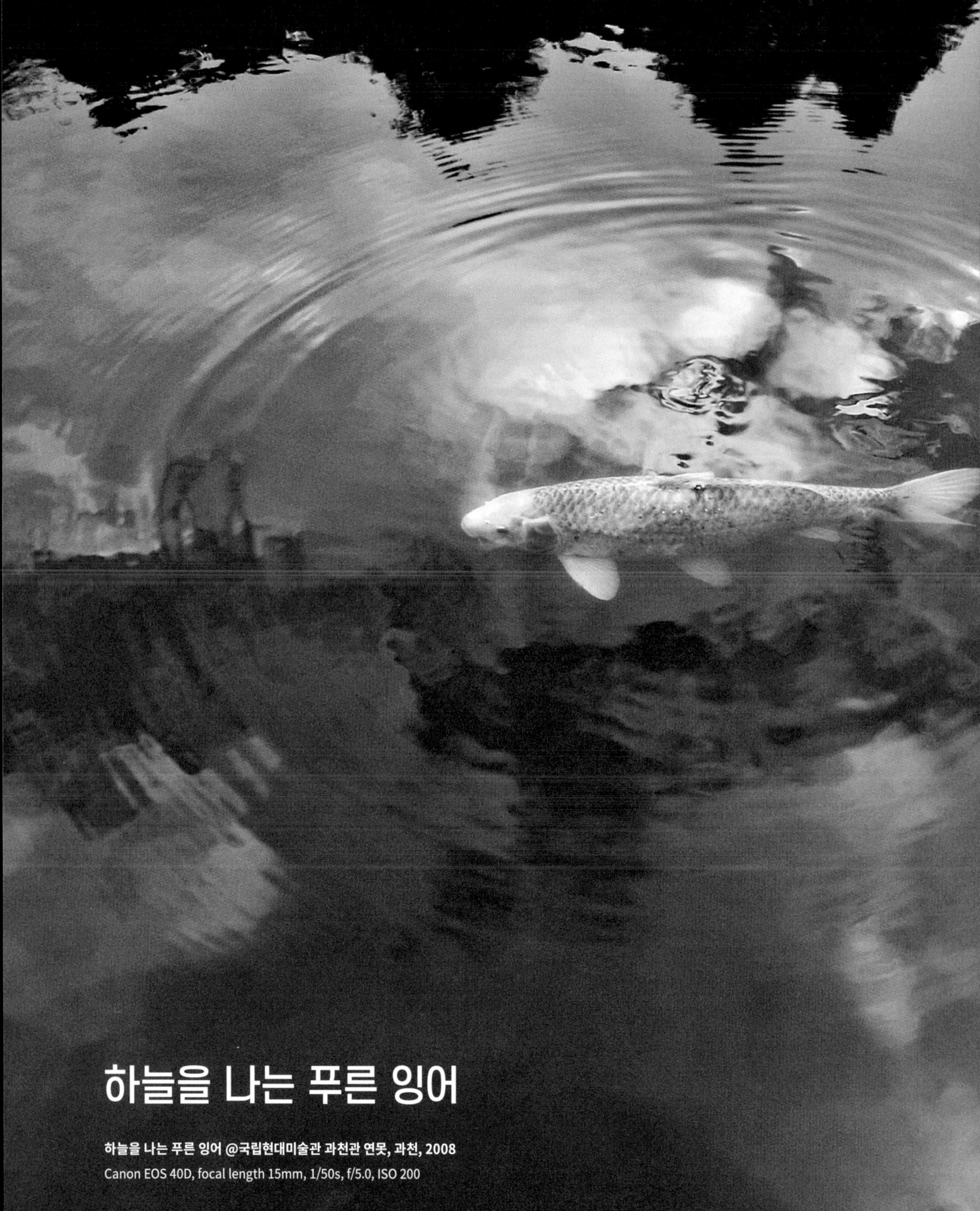

하늘을 나는 푸른 잉어

하늘을 나는 푸른 잉어 @국립현대미술관 과천관 연못, 과천, 2008
Canon EOS 40D, focal length 15mm, 1/50s, f/5.0, ISO 200

두 바퀴로 가는 자동차
네 바퀴로 가는 자전거
물속으로 나는 비행기
하늘로 나는 돛단배
복잡하고 아리송한 세상 위로
오늘도 애드벌룬 떠 있건만
포수에게 잡혀 온 잉어만이
한숨을 내쉰다

윗글은 고 김광석의 곡으로 잘 알려진 '두 바퀴로 가는 자동차' 1절 가사입니다. 밥 딜런 Bob Dylan의 "Don't Think Twice, It's All Right"이라는 곡을 양병집이라는 가수가 처음 번안한 곡인데, 김광석이 다시 부르면서 대중에 널리 알려졌습니다.

이 곡은 제목부터 가사까지 영 이상스럽기만 합니다. 두 바퀴 자동차와 네 바퀴 자전거, 물속 비행기와 하늘을 나는 돛단배. 가사는 온통 어울리지 않는 조합으로 가득 채워져 있거든요. 계속되는 2절과 3절에서도 온통 모순으로 가득 차 있지요. 예를 들면, "남자처럼 머리 깎은 여자, 여자처럼 머리 긴 남자", "한여름에 털장갑 장수, 한겨울에 수영복 장수", "태공에게 잡혀 온 참새", "독사에게 잡혀 온 땅꾼"…. 아마도 복잡하고 이해하기 어려운 세상을 빗대어 이렇게 표현한 것일지 모르겠군요.[1]

이 곡이 처음 번안된 이후 40여 년이라는 세월이 흘러서,[2] 이제는 남자 같은 머리 스타일의 여자도 많고 여자 같이 머리 긴 남자도 많지요. 또 여름에 털장갑도 팔고 겨울에 수영복도 팔아서 이제 어떤 부분은 전혀 이상스럽게 들리지 않습니다만, 하여간 전체적인 의미는 충분히 이해할 수 있을 것 같습니다.

사진은 과천에 있는 국립현대미술관 앞 연못에서 만난 잉어의 모습입니다. 서울관이 생긴 이후로는 다소 관심에서 벗어난 것 같은 느낌이 없진 않지만, 그래도 '국립현대미술관' 하면 먼저 떠오르는 곳은 역시 과천관이지요. 최근에는 건축을 주제로 하는 기획도 자주 전시해서 아주 반갑기도 합니다. 물론, 조경을 주제로 하면 더욱더 좋겠지만…. 전시 외에 외부 공간에서도 볼 것들이 아주 많습니다. 야외 조각 전시도 좋지만, 사실 저는 바닥 분수와 이 연못을 더 좋아합니다. 특히 노을이 질 때쯤의 연못 모습은 정말 환상적입니다. 꼭 한번 가 보시길 추천해 드립니다.

이 사진을 찍을 때도 정말 노을이 아름다웠습니다. 그래서 물에 비친 노을을 담아 봐야겠다고 생각하고 연못을 내려다보고 있었는데, 이 푸른색 잉어가 눈에 띄더군요. 잉어들은 주황색이나 흰색이 많은데, 이 녀석은 특이하게도 푸른색이었습니다. '오, 신기하네!' 그런 생각을 하는 순간, 이 녀석이 물 위로 살짝 올라와서 숨을 쉬고 다시 내려갔습니다. 그 순간 연못 표면에는 작은 파문이 동그랗게 퍼져 나가기 시작하더군요. 이때다 싶어서, '철커덕!'

이상이 이 사진을 찍었던 '순간'의 이야기입니다. 좀 싱겁지요? 노을을 찍으려다가 엉겁결에 건진(?) 사진이라는 이야기니까요. 뭐, 제가 사진 찍는 순간은 대부분 이렇게 좀 싱겁습니다. 그래도 푸른색 잉어와 물에 비친 하늘, 그리고 물 위로 퍼지는 잔잔한 물결. 물에 비친 하늘 때문에 푸른 잉어가 날고 있는 것처럼 보이기도 하고, 동심원 모양의 물결로 둘러싸인 잉어가 돋보이는 것도 같지 않습니까? "하늘을 나는 푸른 잉어."

이 사진을 보다가, 문득 김광석의 '두 바퀴로 가는 자동차'가 떠올랐습니다. '하늘로 나는 돛단배'와 '포수에게 잡혀 온 잉어'. 이런 가사들과 이 이미지가 묘하게 잘 연결되는 것 같은 느낌이 들었던 거지요. 하여간 이 사진은 개인적으로 참 좋아하는 사진이에요. 제가 찍기 했지만, 정말 운 좋았다는 생각이 들 정도로. 역시 중요한 건 '타이밍'입니다.

1. 시고 팔 인 이율리는 대구(對句)고 기도한 노래라면, 신율림의 '기디고 오도비이를 디지'라는 곡도 만만치 않지요. 한번 찾아 들어보세요.
2. 김광석 이전에, 번안자인 양병집이 먼저 '역(逆)'이라는 제목으로 발표했다고 하네요.

게들이 만드는 도시

게들이 만드는 도시 @비금도, 신안, 2006

Canon EOS 300D, focal length 18mm, 1/60s, f/7.1, ISO 100

신안군은 무려 1,000여 개의 섬으로만 구성된 곳입니다. 널리 알려진 홍도와 흑산도 외에도 압해도, 암태도, 자은도 등 72개의 유인도와 930여 개의 무인도가 신안군을 이루고 있습니다. 최근 놀랄 만한 요리 실력으로 유명세를 치르고 있는 '차줌마' 차승원과 유해진이 밥해 먹으러 가는 만재도도 바로 신안군의 여러 섬 중 하나입니다.

꽤 오래전이긴 합니다만, 이 지역의 경관계획을 진행할 때였습니다. 경관자원 조사를 핑계로 2박 3일 일정으로 조사를 나갔었지요. 사실 해야 할 '일'이 아니었더라면, 아주 완벽한 '섬 나들이'였을 겁니다. 가능한 한 많은 장소를 돌아봐야 한다는 강박 때문에, 엄청 바쁘게 돌아다녀야 했습니다. 물론 그 과정에서 멋진 곳들을 많이 구경도 했습니다만, 역시 일은 일이지요. 하여간 조사를 위해 비금도라는 섬에도 들르게 되었습니다. 살짝 흐린 하늘 아래 바닷가 모래밭은 무척이나 한적하고 여유로워 보였습니다. 바쁜 일정 때문에 급한 마음이 한결 가벼워지는 느낌이었습니다. 그렇게 약간의 여유를 부리며 해변을 두리번거리고 있었는데, 바로 발아래 쪽 모습을 보고 정말 깜짝 놀랐습니다.

게들이 만드는 도시. 그것도 한두 개가 아닌, 물 빠진 모래밭을 가득 메운 패턴의 연속! 발 아래에서 제가 발견한 것은 게들이 굴을 파면서 생긴 모래 패턴이었습니다. 안쪽 모래를 밖으로 옮기려고 콩알만 한 크기의 공 모양으로 만든 것 같더군요. 그런데 누가 지휘라도 한 걸까요? 공사 부산물을 처리하는 방식치고는 너무나도 아름다운 패턴을 만들어 놓고 있었던 거죠. 사방으로 뻗어 나가는 공들의 모습이 마치 대도시의 가로망 같기도 했고, 베르사유 궁전의 대정원을 만들었던 르노트르André Le Nôtre의 손길 같기도 했습니다.

'녀석들, 제법인데?'

가끔은 생각해 봅니다. '아름다운 걸 느끼는 건 우리 인간들뿐일까?', '우리가 하찮게 여기는 대상들은 그런 생각이 없을까?', '우리 스스로 자신을 너무 과대평가하고 있는 건 아닐까?' 아마 제가 사진 찍은 후에는 저 게들의 도시는 금방 파도에 쓸려 없어져 버렸겠지요? 그렇지만 이 걸작 도시를 만든 게들의 후손들은 또 다른, 그리고 더 멋진 게 도시들을 만들고 있을 겁니다. 그러니 저를 포함한 우리 인간들, 우리만 예술 안다고 너무 자랑하고 다니진 맙시다.

버드-아이 뷰

버드-아이 뷰 @안성천, 평택, 2019

SONY DSC-RX100, focal length 22mm, 1/400s, f/9.0, ISO 125

"드론으로 찍은 거예요?"

창가? 통로? 여러분들은 어떤 선택을 하시나요? 고속버스나 기차, 비행기를 탈 때 한 번쯤은 고민하시지요? '짜장면이냐, 짬뽕이냐' 같은 결정하기 어려운 선택. 가방을 짐칸에 올리거나 화장실 가기엔 통로 쪽이 더 편하긴 한데, 저는 창밖 풍경을 보는 걸 좋아해서 주로 창가를 선택합니다. 날이 좋으면 좋은 대로, 흐리면 흐린 대로, 비가 오면 비 오는 대로 다 보는 맛이 있거든요. 운이 좋은 날에는 멋진 일몰이나 무지개도 가끔 볼 수 있습니다.

제가 요즘 경관자원 조사를 해서 드론 사진을 SNS에 계속 올렸더니, 이번 사진에도 이런 댓글이 달렸더군요. 이 글을 읽는 분들 중에도 드론 사진으로 생각한 분도 있으셨지요? 좀 허무하긴 하지만, 이번 사진은 비행기에서 찍은 사진입니다. 그러니까, 훨씬 더 큰 새(?)의 눈으로 본 풍경bird's-eye view인 셈이지요. 아마 드론으로는 이런 높이에서까지 찍기 어려울 거예요.

지난 7월에 제주도를 다녀왔습니다. 답사와 회의를 마치고 서울로 돌아오는 길이었는데, 창밖에 이렇게 멋진 풍경이 펼쳐지더군요. 물론, 창가 자리였습니다. 구름이 많아 수평선 아래로 넘어가는 전형적인 일몰은 아니었지만, 오히려 햇살이 구름에 부서지면서 신비스러운 광경이 연출되고 있었습니다. 처음엔 그냥 핸드폰으로 사진을 찍고 있었는데, 아무래도 안 되겠다 싶어서 카메라를 꺼냈습니다. 카메라를 늘 가지고 다니는 건 이럴 때 쓸모가 있습니다. 사진을 취미 삼아 찍은 이후로는 '그 순간'은 다시 오지 않는다는 생각을 많이 하게 됩니다.

'나중에 또 오지, 다음에 또 볼 수 있겠지….'

그런데 절대 그렇지 않더라고요. 혹시 운이 좋아 나중에 다시 올는지도 모르지만, '결정적인 그 순간'은 다시 만나기 어렵습니다. 그러니 지금 '이 순간'은 꼭 기록해 두세요. 눈으로든, 카메라로든. 다시 만나지 못하는 중요한 순간입니다. 구름 사이로 퍼지는 햇살의 느낌을 카메라로 다 담지는 못해서 좀 아쉽긴 하지만, 그래도 기록된 순간을 이렇게 여러분들에게 전달할 수 있어서 다행이네요.

사진을 보고 있자니, 여기가 어디인지 궁금해졌습니다. 지도 사이트에 접속해서 제주도에서 서해안을 따라 서울까지 쭉 살펴봤습니다.

'비슷한 강 모양이 어디 있을 텐데… 오, 여기구나. 빙고!'

안성천과 진위천이 만나는 곳이었네요. 이런 직업병!

가까이서 보면 비극,
멀리서 보면 희극

가까이서 보면 비극, 멀리서 보면 희극 @청산도, 완도군, 2019

DJI FC300S, focal length 20mm, 비디오 캡처

"Life is a tragedy when seen in close-up, but a comedy in long-shot."
– Charlie Chaplin

"삶은 가까이서 보면 비극이고, 멀리서 보면 희극이다." 찰리 채플린의 말입니다. 채플린이 감독이기도 한 점을 고려해 보면, '삶은 클로즈업할 때는 비극이지만, 멀리서 찍으면 희극이다'라고 번역하는 게 더 정확하다는 이야기도 있긴 합니다만, 가까운 비극과 먼 희극이라는 명료한 대비가 쉽게 기억되는 것 같습니다. 가까이 느끼는 내 인생은 항상 힘든 것 같고, 멀리 보이는 다른 사람의 인생은 늘 부럽고 잘 사는 것처럼 보이잖아요.

경관 일을 하다 보면, 주위에서 늘 '이것 좀 어떻게 개선할 수 없느냐'는 이야기를 자주 듣는 편입니다. 어지러운 간판들, 정돈되지 못한 국도변 상가나 창고, 그리고 현란한 농촌 마을의 지붕 색. 그중 지붕 색 이야기는 아주 단골 메뉴입니다. 유럽에 가 보니까 주황색 지붕이 참 아름답던데, 우리나라에서는 그렇게 하기 어려우냐는 거지요. 지붕 재료 만드는 회사에 색깔이라도 몇 가지 지정해 주면 되지 않느냐, 전체적으로 하기 어려우면 우선 고속도로나 국도에서 보이는 곳만이라도 지붕을 개량하면 가능하지 않겠느냐는 현실적인 처방까지 해 주십니다. 예전에 올림픽 때 고속도로 주변에 녹색 페인트를 칠했다는 이야기가 떠오르기도 합니다. 처방이야 어찌 되었건 간에, 진단은 정확한 것 같아요. 제가 봐도 알록달록한 우리나라 농촌의 지붕은 참 요란스러운 편이니까요. 채도를 조금만 더 낮추고 톤을 정돈하면, 훨씬 좋은 모습이 되지 않을까요?

그런데 시각이 달라지면 보는 것도 달라지는 모양입니다. 빛만 달라져도 같은 사물이 다르게 보이기도 하고요. 햇빛 좋은 날에 완도군에 있는 청산도를 찾았습니다. 완도군 경관계획 자문을 위한 답사였습니다. '슬로시티Slow City'를 지향하는 청산도는 걷기에도 좋고, 이곳저곳 둘러보는 것도 참 여유로웠습니다. 바다와 산, 그리고 농촌이 잘 어우러진 모습도 참 보기 좋더군요. 위에서 내려다보면 어떻게 보일까 해서 드론을 띄웠습니다. 오! 하늘에서 본 청산도의 지붕들이 전혀 다르게 보입니다. 평소엔 채도가 너무 높아서 주변과 잘 어울리지 않는다고 생각했던 빨간색 지붕, 촌스럽게만 보였던 밝은 하늘색 지붕과 흰색 띠를 두른 검은색 지붕, 그리고 녹색 방수 페인트까지 조각보처럼 서로 절묘하게 어울려서 신선해 보이기까지 합니다. 제각기 다른 이야기를 하고 있지만, 전체적으로 묘한 대비를 이루고 있는 그런 모습이었어요. 이렇게 좋게 보이는 데는 날씨도 한몫한 것 같습니다. 보통 태양 빛이 강한 지역에서는 채도가 높은 색이 더 아름답게 보인다고 하거든요. 그래서 적도 쪽에서는 고채도, 고위도 쪽에서는 저채도 색을 선호한다고 하네요.

하여간 개인적으로는 좋은 날씨 덕에 평소 생각하던 편견이 확 깨진 그런 사진이었습니다. 낯선 시각에서 한발 떨어져 보니, 대상의 새로운 면을 볼 기회였던 것 같습니다. 그야말로 가까이서 볼 때는 별로였는데, 위에서 보니까 멋지게 느낀 경우라고 해야겠네요. 그래서 도달한 결론. 내 경험을 너무 믿지는 말자. 보는 관점에 따라, 보는 거리에 따라서는 전혀 다른 생각도 가능한 거니까.

전지적 작가 시점

전지적 작가 시점 @성구미포구, 당진, 2018

DJI FC300S, focal length 20mm, 1/800s, f/2.0, ISO 100

"'전지적 작가 시점'이란, 말 그대로 작가가 전지전능한 신과 같은 존재로서 모든 등장인물의 심리와 감정, 생각 따위를 꿰뚫고 있으며, 캐릭터의 등장과 출입, 상황의 파악 따위가 비교적 용이하다."

요즘 충청남도 당진시를 매주 방문하고 있습니다. 경관자원 조사 일을 하고 있거든요. 우리나라에서는 최초로 당진시가 경관계획에 앞서 경관자원 조사를 진행하고 있는데, 평소 경관자원의 중요성을 강조하던 저로서는 매우 기쁜 마음으로 일에 참여하고 있습니다. 경관계획을 여러 차례 진행해 보았습니다만, 이번에는 자원 조사만 진행하는 일이라서 기존 조사보다 훨씬 더 상세히 조사하고 있습니다. 각 자원에 대한 조사 양식도 새로 만들면서 현장에서 조사원들과 함께 경관자원 평가를 하고 있습니다.

최신 기술들도 최대한 활용하려고 노력하고 있습니다. 예를 들면 GPS 좌표를 사진에 기록한다거나, 하늘에서 내려다볼 수 있게 드론 조종법도 배워서 촬영에 사용하고 있습니다. 그런데 문제는 바로 이 '드론 촬영'입니다. 제가 아직 초보라서요. 처음에는 드론 촬영에 경험이 있는 분과 같이하다가, 조사 대상이 많아지면서 어쩔 수 없이 저도 직접 해야 하는 상황이 되었습니다. 커다란 드론으로는 연습하기 어려울 것 같아, 장난감 같은 초보용을 추천받아 집에서 날려 봤습니다. 두 개의 스틱으로 조종하는 것이 쉬운 듯 어려운 듯, 초보에겐 그야말로 좌충우돌입니다. 벽에 부딪히고 날개 잃어버리기를 수차례. 첫 드론을 어항에 빠뜨리고 다시 두 번째 것을 구매한 후에야, 겨우 통제할 수 있는 수준이 되었습니다. 그러고는 바로 실전 투입. 이게 현재 제 상황입니다. 하여간 요즘 조사 현장에서는 잔뜩 긴장하면서 조심스레 드론을 띄우고 있습니다.

그런데 막상 하늘에서 촬영한 영상을 보고 있자니, 눈높이에서는 보이지 않던 새로운 세계가 펼쳐지더군요. 하늘에서 본 모습은 전혀 다른 느낌입니다. 문자 그대로 다른 '시각'을 보여 줍니다. 넓은 지역을 한눈에 보니, 눈높이에서는 생각지도 못하던 대상들의 관계도 직관적으로 이해가 되고, 가끔은 땅의 모습이 추상화처럼 찍힐 때도 있습니다. 그런데 이게 은근히 재미가 있네요. 물론 아직은 안전한 착륙이 최대 목표인 수준이라, 손에 쥔 카메라처럼 마음대로 사진을 찍진 못합니다만.

이번 사진은 그렇게 경관 조사하면서 찍은 작은 포구의 사진입니다. 방파제에 가지런히 세워진 자동차들과 그림자가 더 길게 보이는 사람들 모습이 재미있지요? 모래, 자갈, 바위, 콘크리트, 그리고 바다와 파도가 만들어 낸 색들이 묘한 조화를 이루고 있습니다. 방파제 아래쪽 바다로 사라지는 경사로는 마치 납작붓으로 '슥' 그려 놓은 듯한 느낌입니다. 하늘에서 내려다본 사진을 보고 있자니, 나와 관계없는 객체화한 세상을 보는 것 같기도 합니다. 예전 국어 시간에 배웠던 '전지적 작가 시점'이란 말도 떠오르네요. '전지전능한 신과 같은 존재'가 되어 내려다보는 그런 느낌(이면 좋겠는데, 아직은 실력이 좀 부족해서…). 역시 새로운 기술은 매우 다양한 방식으로 우리 생활을 변화시키는 것 같습니다.

잘 찾아보시면, 이번 사진엔 저도 등장합니다. 등장인물(?)이 몇 명 안 되니 쉽게 찾으실 수 있을 겁니다. 사진이 작아도, 잔뜩 긴장한 사람 혹시 찾으셨나요? 네, 그게 바로 접니다.

공유, 땅 그리고 우주

공유, 땅 그리고 우주 @돈의문박물관마을, 서울, 2017

SONY DSC-RX100, focal length 28mm, 1/30s, f/2.5, ISO 400

"자연은 시공간적 제약에서 벗어나 쉽게 경험될 수 있으며,
새로운 수요를 창출함으로써 공유도시의 또 다른 질서가 만들어진다."

올가을은 유례없이 긴 연휴로 왠지 풍성한 느낌입니다. 긴 휴일만 풍성한 것이 아니라, 볼거리도 정말 많습니다. 정원박람회만 해도 서울정원박람회, 경기정원문화박람회, 순천시의 '대한민국 한평정원 페스티벌', 거기에 작가정원으로 구성되는 동탄2신도시 공공정원까지. 조경과 정원에 대해 늘어난 관심이 다양한 행사와 전시로 이어지고 있는 점은 참 기분 좋은 일입니다. 한순간 지나치는 유행에 그치지 않고, 문화로 정착했으면 하는 바람입니다.

볼거리로 따지자면, 서울은 더욱더 진수성찬입니다. 'UIA 2017 서울세계건축대회'를 유치하면서, 다양한 건축 관련 행사가 줄을 잇고 있거든요. 서울도시건축비엔날레, 서울건축문화제, 서울국제건축영화제까지. 이름도 비슷비슷해서 헷갈릴 정도입니다. 여기에 국립현대미술관 서울관의 '종이와 콘크리트: 한국 현대건축 운동 1987-1997', 서울시립미술관 서소문본관의 '자율진화도시' 등 놓치면 후회할 전시들도 여럿 열리고 있습니다.

저는 그중 서울도시건축비엔날레가 진행되고 있는 '돈의문박물관마을'을 찾았습니다. 전시 장소가 돈의문박물관마을이라는 소개글을 읽고, 처음에는 '마을박물관'을 잘못 쓴 거라고 생각했습니다. 그런데 막상 주소에 적힌 곳에 도착하니, 골목 입구부터 전시가 시작되고 있더군요. 그제야 깨달았지요. 박물관마을이 오타가 아니라는 길 말이죠. 돈의문박물관마을에서는 서울도시건축비엔날레의 일환으로 '아홉 가지 공유'라는 주제전이 열리고 있습니다. 공기, 물, 불, 땅, 만들기, 움직이기, 소통하기, 감지하기, 다시 쓰기. 아홉 개 주제로 자원 공유를 통한 새로운 도시 아이디어가 제안되고 있습니다. '땅'과 관련된 전시

에는 스토스 랜드스케이프 어버니즘Stoss Landscape Urbanism이나 투렌스케이프Turenscape 같은 스타 조경가의 작품들도 만날 수 있습니다.

더 반가운 이름도 마주할 수 있는데요, 최근 『환경과조경』에 '그들이 설계하는 법'을 연재했던 조경가 백종현이 '셀로CELL·O: 자연과 도시 라이프스타일의 새로운 균형'이라는 작품을 전시하고 있습니다. 최재혁 소장(오픈니스 스튜디오)과 김용규 대표(일송환경복원)도 작업에 참여해 주셨다고 하더군요(우연인지 필연인지, 전시장에서 백종현 작가와 최재혁 소장을 만나기도 했습니다).

이 작품은 다양한 형태로 조립 가능한 모듈 식재 시스템인 '셀로'와 자연 형성을 돕는 비균질적 구조의 '셀라CELLA'를 활용한 설치 작품입니다. 돌, 나뭇가지와 이끼, 거기에 셀라가 적절히 섞여 있는 모습은 익숙하면서도 낯선 새로운 자연을 느끼게 합니다. 거기에 공중에 떠 있는 구형의 셀라는 우주를 상상하게 해서 무척 흥미롭습니다. 화면 뒤쪽에는 셀로로 구성된 커튼 형태의 식물 조형물이 아늑한 느낌을 만들어 주고 있고요. 개인적으로는 셀라로 만든 천체 모양이 아주 인상적이었습니다. 셀라를 서로 연결한 케이블타이cable tie가 태양의 이글거림처럼 보였거든요. 새로운 '땅'을 표현한 작품에서 '우주'를 본 느낌이었습니다.

풍성한 건축 전시를 보니, 한편으로는 부럽기도 합니다. 진수성찬을 대접받다가 집에 있는 식구들이 생각난 느낌이랄까요? 건축 전시를 전공자만 관람하는 것이 아니지요. 건축에 관심 있는 일반인들도 많이 오십니다. 그러면서 자연스럽게 건축을 더 친근히 느끼게 되겠지요. 정원박람회들뿐만 아니라, 조경 분야에서도 일반인을 대상으로 하는 다양한 접근을 더 많이 시도했으면 하는 생각을 다시 한번 해 봅니다.

무한을 체험하다

무한을 체험하다 @본태박물관, 서귀포, 2017

Canon EOS 40D, focal length 10mm, 1/30s, f/3.5, ISO 640

강렬한 노란색 바탕에 검정 땡땡이가 칠해진 커다란 호박. 베네세하우스Benesse House, 지추미술관地中美術館, 이우환미술관 등으로 유명한 '예술의 섬 나오시마直島 프로젝트'를 소개할 때 자주 등장하는 바로 그 호박, 많이들 보셨지요? 저는 그 이미지를 처음 봤을 때 지역 특산물을 주제로 한 조형물인가보다 했었는데, 자료를 좀 더 찾아보니 그 작품은 조금 다른 맥락이 있더군요.

그 호박은 전 세계적으로 활동하고 있는 일본인 작가, 구사마 야요이草間彌生, Kusama Yayoi(1929~)의 작품입니다. 구사마 야요이는 강박증을 예술로 승화한 작가로 알려져 있는데, 젊은 시설부터 강박증, 편집증, 불안증 등 각종 정신 질환으로 고생해 왔다고 합니다. 어둠 속에서 공포와 같은 영상이 반복적으로 밀려왔다고 하는데, 끊임없이 나타나는 물체들을 모두 벽에서 끄집어내려고 스케치북 위에 그림을 그리기 시작했다고 합니다. 그녀의 작품 중에 유난히 유기적으로 연결된 망net과 점dot이 자주 등장하는데, 이것도 바로 그런 그녀의 정신적 상태 때문이라고 하네요. 강렬한 색과 원형의 반복되는 이미지가 작가의 괴로움에서 나온 산물이라고 하니, 작품들이 또 다르게 보입니다.

반복적인 점으로 구성된 작품 외에 무한성無限性에 대한 작품도 있는데요. 이번 사진은 제주도 본태박물관에서 만난 '무한 거울 방 - 영혼의 광채Infinity Mirrored Room - Gleaming Lights of the Souls'입니다. 제한된 인원이 거울로 채워진 방에 들어가서 감상하는 방식인데, 방 안에 있는 LED 전구가 거울에 반사되어 끊임없이 확장하는 무한無限을 경험하게 합니다. LED 전구는 시시각각으로 다른 색으로 변해서 더욱 우주적인 경관을 만들어 줍니다. 어둠 속에서 자세히 살펴보면, 군데군데 전구 빛을 가리는 블랙홀 같은 자신의 실루엣도 발견할 수 있습니다. 저는 정말 한참을 아무 생각(?) 없이 작품을 보다 나왔는데, 뒤에 기다리는 사람이 없었으면 아마 몇 시간이라도 더 있을 것 같은 그런 기분이었습니다. 한 장의 사진과 몇 줄의 글로는 전달할 수 없는 제 한계가 무척이나 아쉽네요. 분명히 직접 체험하지 않고서는 느낄 수 없는 그런 감동이 있습니다.

예전에 썼던 글이 떠오르네요. '공원에서 무한을 만나다'라는 제목의 글이었는데, 스프링 형태의 자전거 거치대 사진과 함께 상상하기 어려운 개념이었지만 아주 매력적인 무한에 대한 이야기를 전해 드렸지요. 야요이의 이 작품은 그런 추상적 개념을 공간에서 직접 체험할 수 있어서, 결과가 아주 놀랍습니다. 끝없이 펼쳐지는 우주 같은 무한의 세계를 눈으로 경험할 기회인 셈입니다. 제주도에 가시면, 아름다운 제주 경관과 함께 꼭 이 작품을 체험해 보시길 추천합니다.

장소

place

곳곳에 멋진 장면이 많아서
하나를 꼽기가 무척이나 힘들었습니다만,
그중 가장 인상적인 장소는 바로 이곳이었습니다.
말로도 사진으로도 충분히 전해지지 못할 것 같지만,
균형이 만들어 주는 안정적인 느낌이 정말 좋았습니다.

오로라타프

오로라타프 @여의도공원, 서울, 2017

Canon EOS 40D, focal length 10mm, 1/500s, f/8.0, ISO 100

‘2017 서울정원박람회’ 다녀오셨나요? 그럼 여의도공원 중앙에 꽃으로 둘러싸인 ‘여의지池’도 보셨고, 바람에 흔들리는 ‘오로라타프Aurora Tarp’도 보셨겠군요. 2016년 정원박람회 때 등장했던 오로라타프가 올해도 다시 중앙 무대 앞에 자리해서 이젠 제법 박람회의 안주인 같은 느낌입니다. 햇빛에 반짝거리는 화려한 색감도 일품이지만, 바람이 만들어 내는 소리와 움직임도 아주 멋집니다. 마치 대나무숲에 들어와 있는 느낌도 들고.

‘오로라타프’

오로라타프? 앞의 ‘오로라’는 쉽게 이해가 가는데, 뒤쪽의 ‘타프’는 좀 생소합니다. 오로라는 하늘을 배경으로 다양한 형태와 색을 만들어 준다는 의미인 것 같은데, 타프는 무슨 뜻일까요? 그래서 구글신(?)에게 물어봤습니다. 역시 이미지들이 쭉 올라오는군요. 텐트하고 비슷한데, 천장 부분만 있어서 야외에서 그늘을 만들어 주는 시설이네요. 캠핑을 좀 해 보신 분들이라면 이미 친숙한 용어겠네요. 그러고 보니, 공원이나 둔치에서 많이 본 것 같습니다. 타프tarp는 타폴린tarpaulin의 줄임말로, 사전적 의미로는 ‘타르 칠을 한 방수천·방수외투·방수모’를 뜻하는데, 실제로는 ‘햇볕과 비를 막는 천막’이라는 뜻으로 쓰이고 있습니다. 그러니까 오로라를 닮은 그늘막이라는 말이군요. 쉽게 ‘오로라 그늘막’이라고 했으면 어땠을까 하는 생각도 듭니다. 덕분에 단어 공부는 하긴 했지만.

이 오로라타프를 보면서, 2016년 미국 LA의 퍼싱스퀘어Pershing Square에 설치되었던 '리퀴드 샤드Liquid Shard'를 떠올리는 분들도 더러 있는 것 같습니다. 움직이는 와이어에 수많은 리본을 달아서 마치 하늘을 유영하는 듯한 이미지를 연출한 작품이었죠. SNS를 통해 소개된 동영상을 본 분들이 꽤 있으실 겁니다. 바람에 흔들리는 모습이 꽤 비슷해 보입니다만, 설치 목적이나 구조는 또 전혀 다릅니다. 유사성에 대한 판단은 독자 여러분께 맡기기로 하겠습니다.

저는 오로라타프 밑에서 한참 동안 하늘을 쳐다봤습니다. 처음에는 반짝이는 리본 때문에 위를 올려보긴 했는데, 조금 지나니까 다른 게 보이기 시작하더군요. 리본 너머로 하늘과 어우러진 구름도 보이고, 여의도공원 주변 고층 건물들의 실루엣도 눈에 들어옵니다. 바람이 부니, 리본들이 물고기 떼의 움직임처럼 보여 하늘이 바다같이 보이기도 하고. 정말 멋져 보였습니다. 잠깐이지만, 아주 즐거운 상상을 했습니다. 상상력이 지식보다 중요하다고 아인슈타인이 말했다는데, 상상할 수 있는 여유가 참 아쉬운 요즘입니다.

영국보다 낫네!

영국보다 낫네! @F1963, 부산, 2018

Canon EOS 40D, focal length 10mm, 1/13s, f/5.0, ISO 100

머리 조심하세요
Please watch your head

"영국보다 낫네!"

2018년 7월, 한국경관학회 답사 차 영국의 도시재생 프로젝트들을 보고 왔습니다. 영국의 여러 곳을 둘러보고 왔는데, 많은 도시재생 프로젝트를 요약하자면 '생산 기반의 과거 도시시설을 산업구조 변화에 맞춰 체질 개선하려는 노력'이라고 할 수 있을 것 같더군요. 산업구조가 바뀌는 우리나라에서도 참고할 만한 사례들인 것 같았습니다. 한두 발 정도 앞서 나간다는 느낌이 들었으니까요.

영국 답사 직후 지인들과 부산에 갈 일이 있었습니다. 간 김에 잠깐 틈을 내어 최근 새롭게 단장한 'F1963'이란 곳도 들렀지요. 얼핏 보면 암호 같은 이 이름은 '1963년에 처음 지은 공장factory'이라는 아주 단순한 의미네요. 이곳은 2008년까지 와이어로프를 생산하던 고려제강 공장이었는데, 2016년 부산비엔날레를 계기로 서점, 전시 및 공연장, 커피 전문점, 펍, 막걸리 전문점 등이 있는 복합 문화 공간으로 탈바꿈하였습니다. 건축가 조병수의 꼼꼼하면서도 감각적인 아이디어가 이런 변화를 가능하게 했습니다. 공장 지붕을 일부 걷어 내어 만든 중정, 기존 부재와 새롭게 덧댄 재료의 신선한 조화, 와이어로프를 활용한 다양한 소품들까지. 공간을 둘러보는 내내 보는 즐거움이 아주 쏠쏠했습니다. 시간 여유만 좀 더 있었다면, 한참은 더 있고 싶었던 그런 곳이었습니다.

이번 사진은 중정 스탠드 아래에 모아 놓은 돌을 찍은 모습입니다. 원형으로 가지런히 놓아 둔 돌의 모습이 마치 설치미술처럼 보이기도 합니다. 그런데 자세히 돌을 살펴보니, 어디선가 많이 본 듯한 느낌이 들지요? 밝은 바탕에 어두운색이 점점이 박힌. 아! 예전에 바닥재로 많이 쓰이던 소위 '도기다시研ぎ出し'라고 부르던 바로 그 재료로군요. '테라초terrazzo'라는 이탈리아식 용어가 있지만, 아마 아무도 그렇게 부르진 않았던 것 같습니다. 요즘에는 시공 안전상의 이유로 거의 사용하지 않는다고 하는데, 그래서 그런지 오히려 예전 생각이 많이 났습니다. F1963에는 이곳 말고도 다양한 곳에서 도기다시를 활용하고 있습니다. 거칠게 부순 것은 정원석으로 쓰고, 잘 다듬어 자른 것은 평상이나 벤치로도 사용하고 있습니다. 그리고 얼핏 보면 이게 과거 공장의 바닥재였다는 것을 연상하기 어려울 정도로 공간에 잘 스며들어 있죠. 그래서 더 찾아보는 재미가 있습니다. 역시 재료 가격이 공간의 질을 좌우하는 건 아닌 것 같습니다.

사실, 이번 사진으로는 영국의 어느 풍경을 골라야 하지 않을까 생각하고 있었습니다. 그런데 부산의 한 공장 재생 사례를 소개하게 되어, 내심 기쁜 마음도 드네요. 제가 사진을 골랐다고 꼭 더 우수하다는 건 아니니, 오해는 없으시길. 하여간 부산 가시면 꼭 한번 들러 보세요. 서점에서 책 하나 골라 커피 드시면서, 혹은 맥주나 막걸리 한잔하시면서 말이지요.

불완전이 만든 완성품

불완전이 만든 완성품 @윤슬, 서울, 2017

SONY DSC-RX100, focal length 10mm, 1/250s, f/7.1, ISO 125

2017년 5월, 드디어 '서울로'가 열렸습니다. 개장 2주 만에 방문객 100만 명이 넘었다는 놀라운 소식도 들리고, 한편으로는 여러 가지 아쉬움을 지적하는 기사들도 쉽게 접할 수 있습니다. '슈즈 트리' 논란까지 가세하면서, 조경 프로젝트('건축'이라고 규정하는 분들도 있긴 합니다만)로는 이례적으로 큰 관심을 받고 있습니다. 저 역시 이 프로젝트에 대한 아쉬움이 있습니다만, 조금 더 사람들이 이용한 후에 판단하는 거로 미뤄 두어야 할 것 같습니다. 공간도 시간이 지나가면서 익어가는 경우도 있으니까요.

오늘 사진의 주인공은 이 뜨거운 관심을 받는 서울로7017의 한쪽 끝 만리동광장에 위치한 '윤슬'이라는 공공 미술 작품입니다. '서울을 비추는 만리동'이라는 부제도 달려 있네요. 윤슬은 햇빛이나 달빛에 비치는 반짝이는 잔물결을 의미하는 순우리말이라고 합니다. 어감도 뜻도 참 예쁜 말입니다.

이 작품은 서울특별시가 추진하고 있는 '서울은 미술관'의 일환으로 만들어진 공공 미술 프로젝트입니다. 작가는 SoA(강예린, 이재원, 이치훈)라는 그룹인데, 2015년 국립현대미술관 서울관 마당에 '지붕감각'이란 프로젝트를 작업한 이력도 있는 거로 보아, 공공 공간에 관심이 많은 건축가 그룹인 듯합니다. 최근 한강예술공원 프로젝트에 몇몇 조경가가 참여해 멋진 결과를 보여 주셨습니다만, 더 많은 조경가들이 이런 공공 미술 분야에도 관심을 가지고 참여했으면 하는 생각이 듭니다.

완벽한 평면은 가상의 공간에서나 가능한 일인가 봅니다. 거울을 아무리 매끈하게 만든다 하더라도, CG에서 보는 것처럼 완벽하게 반사되는 이미지를 현실에서는 만들기 어렵지요. 어딘가 휘어지고 구부러져서 매끈한 반사면은 도무지 만들어지지 않습니다. 외장재로 거울을 이어 붙인 건물을 자세히 보신 분들이라면, 반사면이 조금씩 맞지 않아 뒤틀어진 걸 본 경험이 있을 겁니다. 정원에 놓인 스테인리스 거울도 휘어지거나 돌 자국이라도 생기면, 보는 사람 입장에서도 참 안타깝습니다. 역시 '완벽'하다는 말은 현실에서는 '불가능'이라는 말과 거의 같은 뜻입니다.

윤슬은 광장에서 한 층 내려간 원형의 성큰sunken 공간입니다. 콘크리트 블록으로 경사면을 쌓고, 상부에는 '스테인리스 스틸(슈퍼 미러)'로 된 보를 서까래처럼 연달아 얹은 구조입니다. 작품 설명에 나와 있는 재료 이름인데, 뭔가 '히어로'스럽네요. 하여간 이용자들은 입구 계단을 통해서 성큰 공간으로 내려가서, 거울로 된 지붕과 함께 이 공간을 둘러싸고 있는 콘크리트 계곡들을 감상하게 됩니다. 여기까지만 해도 도시 공간에서는 느껴 보지 못한 아늑함과 생경함이 섞여 꽤 신선한 느낌을 받습니다. 그러나 아직은 완성된 것이 아닙니다.

마지막으로 더해지는 손길은 바로 햇빛입니다. 햇빛이 이 공간에 들어오는 순간, 마치 스위치를 켠 것처럼 비로소 작품이 완성됩니다. 반사면에 부딪히고 또 부딪힌 빛은 콘크리트 바닥에 그림자를 만듭니다. 불완전한 평면에 반사된 빛은 조금씩 일그러지기를 몇 차례. 이런 반사 과정을 거치면서 더욱더 증폭되어 일렁이는 그림자를 만들어 냅니다. '반짝이는 잔물결', 윤슬은 그렇게 완성됩니다. 아이러니하게도 불완전한 평면이 만들어 내는 완성품인 셈입니다. '도대체 왜 완전히 평평하게 못 만들지?'라고 불평할 수도 있을 텐데, 그런 불완전함을 작품에 활용한 작가의 재치에 박수를 보내고 싶습니다. 서울역 고가도로를 방문하실 계획이 있으면, 만리동광장에 자리하고 있는 이곳 '윤슬'도 꼭 경험해 보시길 추천합니다. 좋은 날씨와 약간의 시간 여유는 필수입니다.

다르게 보기

다르게 보기 @경기도미술관, 안산, 2017

SONY DSC-RX100, focal length 10mm, 1/40s, f/3.5, ISO 125

카메라 렌즈를 통해 보는 세상은 실제 세상과 조금 다릅니다. 뷰파인더를 통해 세상을 보면, 주변이 모두 가려져 제한된 대상만 보게 되어 그런 것 같기도 합니다. 아주 잘 만들어진 가상 현실을 보는 느낌이랄까? 아니면 여행객이 되어서 우리가 사는 모습을 구경하는 것 같다는 생각이 들 때도 있습니다. 한발 물러서서 세상을 보는 그런 느낌.

회의가 있어서 안산시에 갔다가, 역시 주변에 있는 경기도미술관에 잠깐 들렀습니다. 미술관에 도착할 때가 막 문을 닫을 시간이었습니다. 겨우 입장해서 작품들을 서둘러 둘러봤습니다. '좀 일찍 왔더라면' 하는 생각을 하면서 출구 쪽으로 향하고 있는데, 그때 창밖으로 아주 멋진 세상이 펼쳐졌습니다. 하늘을 품은 얕은 수반과 세로로 줄긋기를 한 듯한 검은 기둥 실루엣들, 거기에 이런 풍경을 배경으로 걸어가는 사람들까지. 마치 커다란 스크린을 통해 영화의 한 장면을 보는 느낌이었습니다(앞의 사진 페이지를 펼칠 때, 배경 음악이 나오면 어떨까 하는 쓸데없는 생각도 해 봅니다). 얼른 카메라를 꺼내 들었습니다. 뭔가 새로운 느낌이 들 때마다 자동으로 나오는 반응이지요. 그러고는 사진을 찍었습니다. 마침 저쪽 끝에서 어떤 분이 걸어오시네요. 조형물과 겹칠 때를 기다렸다가 셔터를 눌렀습니다. '찰칵!' 이번 사진은 그렇게 만들어졌습니다.

사진을 찍는 여러 가지 이유가 있겠지요. 저는 대부분 기록을 위해 사진을 찍긴 하지만, 다른 이유를 찾아보자면 사진을 통해서 세상을 좀 다르게 보고 싶어서인 것 같습니다. 익숙한 모습을 다르게 볼 때가 참 흥미롭거든요. 뭔가 세상을 다르게 보는 게 재미있습니다. 뷰파인더로 보는 세상이 그래서 즐겁습니다.

선유도에 추억이 방울방울

선유도에 추억이 방울방울 @선유도공원, 서울, 2016

SONY DSC-RX100, focal length 28mm, 1/160s, f/9.0, ISO 125

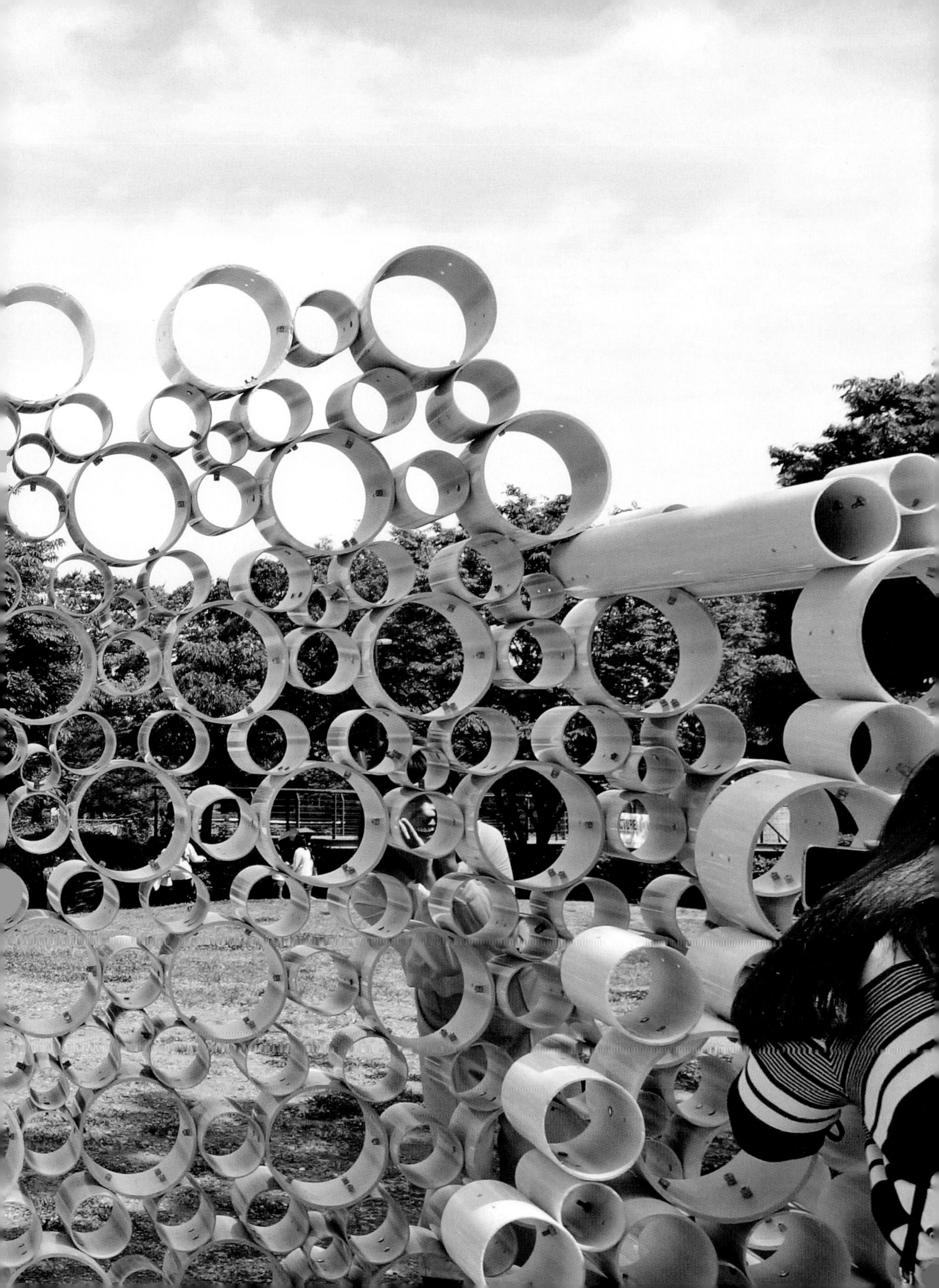

추억은 방울방울.

한창 일본 애니메이션이 우리나라에서 인기 많을 때 소개되었던 작품의 제목입니다. 미야자키 하야오宮崎駿가 이끄는 '스튜디오 지브리'의 작품이지요. 이 애니메이션에서는 미야자키 하야오가 제작 프로듀서를 맡았고, 감독 및 각본은 다카하타 이사오高畑勲라는 다른 사람이긴 합니다. 애니메이션의 내용을 간략히 소개하면, '도쿄에서 태어나고 자란 탓에 농촌에 대해 동경하고 있던 다에코라는 여성이 여름휴가로 시골에 내려가서, 그곳 사람들과 어울리며 어린 시절의 추억을 회상한다'는 이야기입니다. 마지막에 아주 약간의 반전이 있긴 하지만, 예전 추억들을 느린 전개로 보여 주는 방식이라 지금 보면 좀 싱거울지 모르겠습니다. 그래도 저에게는 꽤 따뜻한 느낌의 기분 좋은 작품으로 기억되고 있습니다. 아마도 제 또래 분들이라면, 보신 분들이 꽤 있을 겁니다. 혹시 못 보셨더라도 제목만 기억하시는 분들도 많을 거예요. 약간은 촌스러운(?) 제목 때문에, '그런 제목의 애니메이션이 있었지…' 하는 정도로 아는 분들도 꽤 있을 테지요.

지난 5월, 선유도공원에서 대학생건축과연합회UAUS의 야외 전시회가 있었습니다. 이번 사진의 주인공은 그 전시에 출품된 대학생 작품입니다. 서울과학기술대학교 건축학과 학생들이 만든 이 파빌리온의 제목은 '링크Link'라고 되어 있었네요. 작품 소개를 옮겨 보면 다음과 같습니다.

"파이프의 가장 큰 특징은 대상의 흐름을 제시하는 것이다. 이러한 본질에서 착안하여 흐름을 통한 연결, 즉 "Link"라는 콘셉트는 크게 두 가지로 구현된다. 파이프로 이루어진 파빌리온을 통해 '선유도'와 '사람' 간의 연결, 그리고 '사람'과 '사람'의 연결이다. 전자는 파빌리온을 통한 시각의 연결을, 후자는 동일한 행위에 기인한 상호 작용을 통한 정서적 연결을 뜻한다. 이를 통해, 실질적 재사용뿐만 아니라 본질까지 되살려 진정한 의미의 재생을 담고자 하였다."

임시 설치 건축물인 파빌리온을 통해서 선유도와 사람, 그리고 사람과 사람 사이를 연결하려는 의도인 모양이군요. 학생들이 저 애니메이션을 봤는지는 잘 모르겠지만, 파이프를 통해서 살짝살짝 내다보이는 공원 풍경을 보면서 저는 '추억은 방울방울'이라는 애니메이션을 떠올렸습니다. 사실, 애니메이션 내용보다는 제목을 떠올렸다는 게 더 정확한 표현인 것 같습니다. 서로 다른 크기의 파이프들이 꼭 방울처럼 보였거든요. 그리고 파이프를 통해서 내다보이는 공원 풍경은 조금 비현실적인 시공간으로 보이기도 했고요. 게다가 파이프를 사이에 두고 서로 사진을 찍어 주는 학생들 모습을 보니, '저 친구들은 시간이 좀 흐른 뒤에 지금 찍은 사진을 보면서 어떤 추억을 기억할까?' 하는 생각도 들었습니다. 그런 의미에서라면, '상호 작용을 통한 정서적 연결'이라는 의도는 적어도 저에게는 잘 전달된 것 같네요. '실질적 재사용'과 '진정한 의미의 재생'에 대해서는 잘 모르겠습니다만.

공원에 설치된 환경 조형물, 그리고 임시로 설치되는 파빌리온까지. 기능과 관계없이 설치되는 시설들도 어떤 사람들에게는 추억이 되고, 또 다른 사람들에게는 꿈이 될 수도 있겠다고 생각해 봅니다. 그러니 너무 빡빡하게 살 필요는 없겠지요.

세븐 마일 브리지

세븐 마일 브리지 @키웨스트, 플로리다, 미국, 2018

SONY DSC-RX100, focal length 28mm, 1/400s, f/6.3, ISO 125

호수 같은 바다, 그리고 끝없이 이어지는 다리들. 이번 사진은 미국 플로리다의 키웨스트 Key West로 가는 길에 있는 교량이 주인공입니다. 저는 지금 미국 남부를 여행하는 중입니다. 따뜻한 남쪽 나라 날씨를 기대하고 왔는데, 이상 한파의 영향으로 미국 전체가 꽁꽁 얼어붙었네요. 30년 만에 내렸다는 플로리다의 눈을 직접 목격하는 행운(?)을 얻기도 했습니다.

이번 여행의 최종 목적지는 미국 최남단에 위치한 키웨스트입니다. 미국 본토에서 무려 170km나 떨어져 있는 곳이지요. 키웨스트는 플로리다 남단부터 쿠바 방향으로 연결된 수많은 섬으로 구성된 열도列島입니다. 정확하게는 그 열도의 가장 끝 섬 이름이긴 한데, 보통은 전체 열도를 그렇게도 부릅니다. 지도에서 보면, 섬들이 가늘고 길게 이어진 특이한 형태입니다. 이런 기다란 형태를 이용해서, 과거 쿠바와 국교를 단절하기 전에는 쿠바와 교역하기 위한 철도를 연결한다는 원대한 계획을 세웠던 모양입니다. 거의 300km의 바다를 잇겠다는 야심 찬 계획이었지요.

다소 황당하고 허황된 계획같이 들리지요? 그런데 비록 쿠바까지 연결하지는 못했지만 섬과 섬 사이를 매립하고 다리를 놓기도 해서, 결국 마지막 섬인 키웨스트까지 철도를 놓았더군요. 그것이 놀랍게도 1912년에. 그게 지금 남아 있는 키웨스트 해상 고속도로Key West Overseas Highway의 원형입니다. 처음에는 철도 회사에서 운영하다가, 계속되는 태풍 피해로 결국에는 미국 정부에 소유권을 넘겼다고 합니다. 현재는 좀 더 튼튼한 콘크리트 교량을 새로 만들어 차량용으로 사용하고, 원래 있던 철도용 교량은 낚시나 레저용으로만 쓰고 있습니다.

좀 오래된 영화이긴 하지만, 아널드 슈워제네거와 제이미 리 커티스가 나오는 영화 '트루 라이즈True Lies'를 보신 분들이라면, 커티스가 바다 위 다리를 달리는 리무진에서 아슬아슬하게 탈출하는 장면을 기억하시겠지요? 바로 그 다리가 키웨스트로 연결되는 42개의 다리 중에 가장 길고 유명한 '세븐 마일 브리지Seven Mile Bridge'입니다.

키웨스트에서 시작해서 미국 본토까지 연결되는 구간은 '미국 경관도로America's Byways'로 지정되어 있습니다. '미국 경관도로'는 미국 교통부가 지정하고 관리하는 경관도로 체계입니다. 미국 전역에서 약 150개의 경관도로가 지정되어 있는데, 이 중에서도 키웨스트로 향하는 플로리다 키스 경관도로Florida Keys Scenic Highway는 미국에서 가장 아름다운 고속도로로 평가받고 있습니다. 바다 위로 연결되는 다리들은 보는 대상으로도 감탄스럽지만, 다리 위에서 보이는 주변 경관이 정말 아름답습니다. 너무 비현실적으로 보여서, 마치 하늘과 바다를 그려 놓은 거대한 세트장 같다는 느낌도 들었습니다. 우리나라도 이 같은 경관도로 체계를 도입했으면 하는 바람입니다.

앞 장의 사진은 차량용 다리를 이동하면서 찍은 예전 다리의 모습입니다. 앞쪽에 보이는 콘크리트 난간과 뒤로 보이는 예전 교량의 낡은 모습, 거기에 아름다운 옥빛 카리브해와 푸른 하늘과 구름. 어딘가 안 어울리면서도 아름다운 조화를 이루는, 그런 묘한 느낌입니다. 가끔 사진을 찍으면서 '아! 이번 사진은 잘 나올 것 같다' 하는 느낌이 들 때가 있습니다. 결과를 확인할 때까지 약간 설레기도 하죠. 이번 사진도 그런 느낌이 확 드는 경우였죠. 문제는 디테일! 사진을 자세히 살펴보시면, 움직이는 차에서 찍은 흔적이 좀 남아 있습니다. 콘크리트 난간 부분을 보면, 속도감 때문에 생긴 옆으로 흐르는 패턴과 차창에 반사된 차 안 모습이 살짝 비칩니다. 몇 가지 아쉬움이 남긴 하지만, 그래도 저는 이 사진이 참 좋습니다. 일단 제가 좋으면 반은 성공 아닌가요?

기분 좋은 빛이 내리다

기분 좋은 빛이 내리다 @게티센터, 로스앤젤레스, 미국, 2010
Canon EOS 40D, focal length 10mm, 1/500s, f/4.5, ISO 100

기분 좋은 빛이 내리다 | 2016.05.

기분 좋은 빛이 내리다.

게티 센터Getty Center는 미국 로스앤젤레스 시내가 한눈에 내려다보이는 웨스트우드 북쪽, 산타모니카산 정상에 자리 잡은 종합 예술 센터입니다. 석유 사업으로 재벌이 된 장 폴 게티Jean Paul Getty는 르네상스에서 후기 인상파까지 상당한 양의 유럽 예술 작품을 수집했다고 하는데요. 생전에 자신의 소장품들이 일반인에게 무료로 전시되기를 희망해서 지금도 무료로 관람할 수 있습니다. 단, 주차비는 별도입니다. 그래도 참 너그러운 부자 아닙니까? 우리나라에도 이런 존경받는 부자들이 많아지면 좋겠습니다만.

뜨거운 태양과 아름다운 주변 풍경,
그리고 거기에 너무나 잘 어울리는
순백의 우아한 건축물.

게티 센터에 대한 첫인상은 그랬습니다. 누구 작품인가 했더니만, 역시 '백색의 건축가'로 유명한 리처드 마이어Richard Meier 작품이더군요. 주차장에 차를 세우고 건물까지는 모노레일을 타고 한참을 이동하는데, 이동하는 동안에도 정상에서 볼 아름다운 풍경의 예고편을 즐길 수 있습니다. 산 정상부에서 만난 흰색 건물들은 캘리포니아의 강렬한 태양빛을 받아 마치 그리스 신전 같은 모습으로 등장합니다. 건물 내부는 이탈리아의 티볼리Tivoli 지방에서 가져온 1만6천 톤의 석회암을 이용했다고 하니, 미국 사람들의 유럽 콤플렉스인가 하는 생각도 들었습니다. 석회암에는 나뭇잎이나 깃털, 나뭇가지 같은 자연물의 화석도 볼 수 있다고 하니, 역시 유럽의 오래된 역사도 같이 가져오고 싶었던 모양입니다. 순백색의 외벽뿐만 아니라 부드러운 건물의 곡선도 캘리포니아의 아름다운 자연과 절묘한 조화를 이룹니다. 덥고 건조한 캘리포니아의 기후가 어쩐지 이탈리아와 닮은 것 같기도 하네요.

게티 센터는 건축물 내부에서도 풍부한 자연의 빛을 아주 잘 사용하고 있습니다. 밖으로 시선을 시원스럽게 열어 주는 커다란 창을 두어서 강한 명암 대비를 만들기도 하고, 천창을 열어 햇빛을 그대로 실내로 끌어들이기도 합니다. 곳곳을 둘러보면, 마치 건축가가 태양을 재료로 썼다는 느낌도 듭니다. 역시 '훌륭한 건축가는 주변 경관과 자연까지도 잘 다룰 줄 아는구나!' 하는 생각이 드네요.

사진은 이탈리아 석회석 벽면에 캘리포니아의 빛이 내려오는 장면입니다. 빛이 내리쬐는 천창 아래의 벤치에 앉아 있는 미국 남자를, 한국에서 여행 간 사람이 찍은 거지요. 이렇게 설명하니 정말 다국적입니다. 그러고 보니 사진기는 일본 제품이군요. 장소가 미국이라서 당연한 건가요? 하여간 제가 방문했을 때가 정말 뜨거운 한여름이었는데도, 희한하게 천창을 통해 내려온 빛은 따뜻하면서도 신성한 느낌마저 들었습니다. 빛이 내리는 곳에 모델(?)까지 있으니 사진을 안 찍을 수가 없었습니다.

'천장의 틀도 빛을 만나니 이렇게 아름다운 패턴이 되네!
시간이 흐르면서 저 패턴도 변하겠지?
백색의 외벽, 베이지색의 석회석과 어우러지는 빛과 그림자!'
아, 정말 멋진 건축입니다.

가끔 건축만 생각하는 건축가들을 만날 때가 있습니다. 그럴 때마다 이렇게 훌륭한 건축가들을 떠올리게 됩니다. 정말 훌륭한 건축가는 주변 경관을 건축으로 잘 소화하는 그런 사람이 아닌가 하고 생각하면서 말이죠. 양복 잘 차려입고 맨발로 있는 것 같은 건물들도 꽤 많이 있거든요. 기분 좋은 빛이 내리는 그런 공간. 다시 한번 가 보고 싶습니다.

빛, 창, 공간

빛, 창, 공간 @아미미술관, 당진, 2018

Canon EOS 40D, focal length 16mm, 1/200s, f/6.3, ISO 320

새달이 시작되면, 어김없이 『환경과조경』이 도착합니다. 반가운 마음에 책을 받아들고, 어떤 글들이 실렸나 살펴봅니다. 생각, 사진 그리고 소식이 적당히 섞인 잡지는 그야말로 보는 재미가 쏠쏠합니다. 책을 보다가 정신이 번쩍 듭니다.

'아! 벌써 원고 마감해야 하는 때구나. 이번에는 어떤 사진으로 글을 쓰나?'

사진 폴더를 뒤적입니다. 그달에 찍은 신선한(?) 사진들이 별로 마음에 안 들면, 오래된 사진들까지도 들춰 봅니다. 추억이 담긴 음악이 과거로 돌아가게 하는 힘이 있는 것처럼, 예전 사진을 볼 때면 사진을 바로 찍던 순간들이 떠오르기도 합니다. 그래서 저에겐 사진이 일종의 기억 저장 매체이기도 합니다.

이번 사진은 그리 오래되지 않은 과거, 바로 얼마 전에 다녀온 당진 아미미술관의 전시실 모습입니다. 아미미술관은 폐교된 초등학교를 미술가 부부가 전시 공간으로 새롭게 꾸민 곳인데, SNS를 통해 사진들이 소개되면서 최근 부쩍 유명해졌습니다. 교실을 전시 공간으로 꾸민 이 미술관은 넓게 차지하는 창문과 마룻바닥을 통해 예전 교실의 분위기를 그대로 전하고 있습니다.

창문을 통해 빛이 들어오니, 전시실의 작품들이 또 새롭게 보입니다. 전시실 흰 벽에 드리워진 그림자가 전시물과 어우러져 또 하나의 작품이 되었습니다. 역시 공간의 분위기를 결정하는 것은 빛인가 봅니다. 조경에 비해 건축은 훨씬 더 치열하게 빛에 대해 고민하던데, 조경가도 빛에 대해 조금 더 신경을 쓰면 좋을 것 같습니다.

아미미술관. 따뜻한 빛이 가득한 전시실 내부도 좋았지만, 기다란 복도와 운동장에서 느껴지는 작은 시골 학교의 느낌도 참 좋았습니다. 조금 더 따뜻해지면, 다시 가고 싶은 곳입니다.

아름다운 산과 강, 바다와 섬

아름다운 산과 강, 바다와 섬 @달아공원 전망대, 통영, 2017

Canon EOS 40D, focal length 70mm, 1/1600s, f/9.1, ISO 100

> "아름다운 산과 강, 바다와 섬으로 이루어진 대한민국 국토는 우리 삶의 터전이자 정신과 문화의 뿌리이다. 우리는 이곳에서 고유한 역사를 가진 마을과 도시를 형성하면서 자연과 어우러진 국토 경관을 만들어 왔다."
> – '대한민국 국토경관헌장' 중에서

다도해. 황해와 남해에 걸친 섬과 반도가 많은 리아스식 해안 주변의 바다. 그렇지만 단순히 섬이 많다고만 말하기에는 부족한, 너무나 아름다운 바다. 이번 여름휴가 동안 이 보물 같은 경관을 경험하고 왔습니다. 지난 5월에 제정된 '대한민국 국토경관헌장'의 표현처럼, "아름다운 산과 강, 바다와 섬으로 이루어진" 우리나라를 직접 체험하고 온 셈입니다 (사진에 강은 없긴 하네요).

달아공원은 경상남도 통영시 남쪽 끝에 있는 조그만 공원입니다. 공원이란 이름이 붙어 있긴 하지만, 실은 작은 전망대라고 하는 편이 더 정확한 표현일 것 같네요. 작긴 해도 이 공원은 통영을 대표하는 8경의 하나로 소개될 만큼 유명한 곳입니다. 통영 일대의 크고 작은 섬들이 펼쳐진 파노라마를 보기 위해서 많은 사람들이 모이는 장소이거든요. 저도 통영에 간다고 하니 주변에서 추천해 주더군요.

사진은 달아공원 전망대에서 서쪽을 바라보고 찍은 모습입니다. 사량도와 하도, 그리고 그 너머 멀리 보이는 남해군의 크고 작은 섬들이 겹겹이 보이는 경관은 정말 아름답습니다. 워낙 아름다운 곳이라 이곳에서는 누구나 사진작가가 될 수 있습니다. 찍으면 작품이 되는 곳!

아쉽게도 시간이 맞지 않아 그 유명하다던 일몰은 보지 못했습니다. 저 모습에 노을까지 더해진다면 그야말로 금상첨화였을 텐데 말이죠. '아쉬운 게 있어야 다음에 또 이곳을 찾을 핑계가 되겠지' 하고 위안해 봅니다.

"국토 경관은 모두가 잘 지키고 발전시켜 미래 세대에 물려주어야 할 공공의 자산이다."

경관헌장에는 이런 문구도 있습니다. 아이들과 함께 휴가를 다녀왔는데, 아름다운 우리 경관을 보니 이 말이 새삼 무겁게 와닿네요. 조경을 업으로 하면서 미래 세대에 물려주어야 할 아름다운 경관을 잘 지키고 가꾸는 데 얼마나 노력해 왔는지, 우리가 모두 함께 생각해 보면 좋겠습니다.

크레센도

크레센도 @평화누리공원, 파주, 2019

Canon EOS 7D Mark II, focal length 16mm,
1/250s, f/7.0, ISO 100

제 SNS를 보시는 주변 분들이 가끔 "참 많이도 돌아다닌다"고 합니다. 전공 특성상 현장을 돌아다니기는 하지만, 그렇다고 다른 이들에 비해 엄청 많이 돌아다니는 편은 또 아니거든요. 굳이 이유를 찾자면, 원래 방문하는 곳 주변에서 한두 곳 정도 더 둘러보는 습관 때문일지도 모르겠습니다. 평소에 가 볼 만한 곳을 지도에 표시해 두곤 하는데, 일을 다 마치고 나면 잠깐 짬을 내서 주변을 더 구경하곤 하거든요. 그러면서 사진도 찍고 SNS로 공유도 하는데, 아마 그런 사진들 때문에 많은 곳을 다닌다고 생각하시는 것 같습니다.

지난 12월에는 파주 평화누리공원에서 심사가 있었습니다. 파주 평화누리공원은 가을에 경기정원문화박람회가 열린 곳이라 한번 가 봐야지 했었는데, 지난가을 동안 무척 바쁘기도 했고 또 아프리카돼지열병으로 행사가 취소되는 바람에 가 보질 못했었지요. 먼 곳까지 온 김에 얼른 심사를 마치고 이미 겨울 정원이 된 작품들을 둘러봤습니다. 좀 더 일찍 왔더라면 하는 아쉬움도 있었지만, 이렇게라도 보게 되어 다행이었습니다. 정원들을 둘러보고 주차장으로 돌아오는데, 언덕 너머로 커다란 거인상이 보였습니다. 언덕 위로 올라가니, 최평곤 작가의 거인상들이 마치 잔디 아래에서 걸어 올라오는 듯한 모습으로 설치되어 있더군요. 점점 크게. 크레셴도crescendo!

음악의 악상 기호 중에 ‘<’ 이렇게 생긴 게 있지요? 연주할 때 소리를 점점 크게 내라는 뜻의 기호. 언덕 위로 점점 커지는 거인상들을 보고 크레셴도가 떠올랐습니다. 거인상들 모습이 ‘시작은 미약하더라도 창대하게 마무리하라’는 뜻 같지 않나요? 해가 바뀔 때가 되니, 뭔가 좀 감상적으로 되는 모양입니다. 거인상을 보고 악상 기호를 떠올리다니. 다들 새해엔 하시는 일들이 점점 더 잘 풀리라는 의미입니다. 점점 더 크게!

공원을 즐기는 방법

공원을 즐기는 방법 @노들섬, 서울, 2019

Canon EOS 7D Mark Ⅱ, focal length 17mm, 1/50s, f/4.5, ISO 400

'한강의 섬' 하면 어디가 생각나나요? 얼핏 떠오르는 곳이 여의도, 아니면 핫플레이스가 된 선유도? 이제 여러분의 목록에 추가할 것이 하나 더 늘었습니다. 2019년 가을, 노들섬이 복합문화시설로 새로 오픈했거든요. 이미 기사나 SNS를 통해서 보신 분들도 많으리라 생각합니다. 저도 용산역에서 회의를 마치고 잠깐 짬을 내서 다녀왔습니다.

노들. 뭔가 이름부터 부드러운 느낌이 들지 않나요? '노들'이라는 지명은 용산 맞은편을 노들, 노돌이라 부른 데서 유래했다고 합니다. '백로鷺가 노닐던 징검돌梁'이란 뜻인데, 한자음과 한글 발음을 하나씩 따와서 그렇게 부른 모양이에요. 강 건너 근처에 나루터였던 곳은 그냥 한자어로 읽어서 '노량진'이 되었다고 합니다. 지명에 얽힌 이야기가 이렇게나 많은데, 도로명 주소로 바꾸면서 이 같은 이야기마저 사라지는 것 같아 개인적으론 무척 안타깝습니다. 예전 지명들이 새 주소와는 별개로 계속 살아남아 있으면 좋겠습니다. 그건 그렇고, 현재 노들섬은 일제 강점기 때 한강 인도교(현재 한강대교)를 만들면서 모래 언덕에 석축을 쌓아 올려서 섬이 되었다고 하네요. 해방 이후에도 피서지와 낚시터로 애용하는 장소였는데, 한강개발계획으로 모래밭이 사라지게 된 이후로 잊힌 장소가 되었습니다. 2000년대 중반 오페라하우스 건립 계획으로 주목을 받았으나, 여러 사정으로 계획이 변경되어 지난 2019년 9월 현재의 복합문화시설로 개장하게 되었죠.

해가 질 무렵. 목동이 저 멀리 개인지 늑대인지 구분하기 어렵다는 바로 그 시각 즈음에 노들섬을 찾았습니다. 흐린 날이라 붉은 노을을 볼 수는 없었지만, 서서히 어두워지는 하늘과 하나둘씩 켜지는 조명을 감상하기엔 아주 좋은 시간이었습니다. 노들섬 중앙의 잔디밭 위에 자리한 'Nodeul Island' 글자 간판이 맞이해 주고 있었습니다. 한 줄로 나란히 글자를 놓은 다른 공원들과는 다르게, 글자가 앞뒤로 조금씩 어긋나 있는 모습이 재미있네요. 아이들은 글자에 걸터앉기도 하고 기대기도 하면서 즐거워합니다. 이 간판의 '하이라이트'는 조명이 켜진 후입니다. 어둑어둑해진 하늘과 뒤로 보이는 여의도의 고층 건물들, 그리고 거기에 빛으로 그려진 'Nodeul Island'. 사진을 안 찍을 수 없는 상황입니다. 저만 그런 게 아니라, 그곳을 방문한 모든 사람들이 거기서 사진을 찍고 있었거든요. 커플은 커플끼리, 가족들은 아이들과 함께, 혼자 온 사람들은 아쉽게도 혼자서. 공원(노들섬이 정식 공원은 아니지만)을 즐기는 방법이야 이용자 수만큼이나 많겠지요. 사진 찍기 좋아하는 사람에게는 멋진 사진으로 공원을 기록하는 것만큼 즐거운 방법도 없을 겁니다. 아, 그래서 제 결론은 해 질 무렵 노들섬 한번 가 보시라고요.

풍경학개론

풍경학개론 @서연의 집, 서귀포, 2019

Canon EOS 7D Mark Ⅱ, focal length 22mm, 1/800s, f/6.3, ISO 100

난간에 매달리거나 돌을 던지지 마세요

서연: 들을래?

“이젠 버틸 수 없다고
휑한 웃음으로 내 어깨 기대어
눈을 감았지만…”

승민: 근데 이거 누구 노래야?
서연: 너 전람회 몰라? ‘기억의 습작’. 노래 좋지?
승민: 어.

서울 개포동이 넓게 내려다보이는 옥상. 서연과 승민은 이어폰을 나누어 끼고 전람회의 ‘기억의 습작’을 같이 듣습니다. 애틋한 첫사랑의 추억은 영화과 전체를 감싸는 김동률의 풍부한 저음 보컬과 맞물려 영화의 큰 성공을 만들어 냈습니다. 물론 저도 아주 재미있게 봤습니다. 영화 덕분에 건축학과 인기도 조금 더 올라갔고, 어린 서연 역을 맡은 수지는 ‘국민 첫사랑’이란 타이틀을 얻게 되었지요. 그리고 무엇보다 큰 인기를 얻은 곳이 또 있는데, 바로 서연과 승민을 다시 연결해 주는 제주도 ‘서연의 집’입니다.

바다가 시원하게 보이는 넓은 창과 지붕에서 연결된 아담한 잔디밭 옥상이 있는 집. 영화를 본 사람이라면 한 번쯤 가 보고 싶어 할 정도로 매력적으로 보였죠. 낭만적인 제주도 경관에 첫사랑의 추억이 더해져서 영화가 끝난 이후에도 서연의 제주도 집은 많은 방문객이 인증 샷을 남기는 ‘건축학개론’의 성지가 되었습니다. 영화사의 발 빠른(?) 대응으로 리노베이션을 거쳐, 현재는 카페로 변신했습니다. 영화에서 보이던 기와지붕을 없애고 대신 2층에도 커피를 마실 수 있는 공간을 마련했고, 잔디밭 앞에는 바다를 바라볼 수 있는 테라스를 만들어 놓았습니다. 카페 곳곳은 영화와 관련된 소품과 포스터로 가득 차 있고요.

어느 곳에 앉더라도 영화를 추억하는 데 충분합니다만, 제 생각엔 이 카페에서 최고 명당은 2층 테라스에 있는 의자입니다. 커피를 들고 의자에 앉아(사실은 살짝 눕는 자세입니다만) 바다 풍경을 보고 있으면, 시간과 공간을 잠시 잊을 수 있게 됩니다. 일상을 지우고 얻게 되는 여유, 이런 게 제주도 여행의 진짜 매력인 것 같아요. 여기에 전람회의 '기억의 습작'이라도 잔잔하게 틀어 놓으면 금상첨화겠지요?

의자에 앉아 바다를 보고 있자니, 스멀스멀 사진을 찍고 싶다는 생각이 듭니다. 직업병인지… 하여간. 카메라를 꺼내 바다를 찍으려고 보니, 잔디밭을 둘러싼 난간이 시선을 가로막고 있더군요. '아, 저 난간만 없으면 더 시원하게 바다를 볼 수 있을 텐데' 하는 아쉬움을 안고 셔터를 눌렀습니다. 찍은 사진을 카메라의 작은 액정으로 확인해 봤습니다.

'잘 나왔나? 근데, 난간 아래쪽에 유리가 있나?'

바다 쪽을 다시 살펴보니, 난간에 유리가 있는 게 아니라 바다와 하늘의 경계가 난간 살에 겹쳐 보이는 모습이었습니다. '이거 재미있네!' 사진을 확대해 보니, 경계와 난간이 살짝 어긋나 있었습니다. 삼각대도 없는 상황이라 맞을 때까지 계속 셔터를 눌러야 했죠. 사실 이 사진도 그렇게 완벽하게 맞진 않습니다만.

글을 마치기 전에 바다 풍경을 찍는 요령(?) 한 가지만 알려 드립니다. 수평선을 수평으로 꼭 맞추고 찍어 보세요. 훨씬 더 안정적인 사진이 될 거예요. 그리고 이건 제 생각인데, 제주에서는 수평선을 사진 가운데에 놓는 게 어떨까 합니다. 사진 구도 원칙에서는 1/3 선에 맞추도록 이야기하는데, 제주에서는 하늘과 바다, 하늘과 땅에 공평하게 시선을 나누어 주는 게 제주 풍경에 대한 예의인 것 같아서 말이지요.

다른 세상으로 통하는 통로, 암문

다른 세상으로 통하는 통로, 암문 @남한산성, 경기도 광주, 2017

SONY DSC-RX100, focal length 10mm, 1/30s, f/8.0, ISO 400

성을 쌓는 목적은 적으로부터 우리를 안전하게 방어하기 위함입니다. 적이 들어오는 것을 막아야 하니까, 꼭 필요한 지점에만 문을 설치하는 것이 유리하겠지요. 그렇지만 물품을 가져오거나 다른 사람의 시선을 피해 성을 드나들 필요도 있습니다. 암문暗門은 바로 그런 목적으로 만들어 놓은 성의 비밀 출입구입니다. 전시에는 군수 물자를 조달하거나 은밀히 군사를 이동시키는 용도로 사용했다고 하네요. 그래서 주로 숲이 우거진 곳이나 성곽 깊숙한 곳에 문을 만듭니다.

병자호란 때 인조가 피난을 와야만 했던 이곳 남한산성에는 네 개의 문 외에도 우리나라에서 가장 많은 16개의 암문이 있다고 합니다. 이번 사진의 주인공은 바로 남한산성의 11번째 암문입니다. 이 암문은 남한산성의 동문인 좌익문左翼門에서 남쪽으로 100여m 떨어진 곳에 있는데, 폭이나 높이 면에서 16개 암문 중 규모가 가장 크다고 하네요. 동문에는 계단이 있어서 마차 통행이 불가능했기 때문에, 수레나 일반인은 이 제11암문으로 통행했을 것으로 보고 있습니다. 병자호란 때도 꽤 많은 사람과 물자가 이 문을 통해 이동했을 것 같더군요.

이런 은밀한 암문을 통해 바라본 성밖 모습이 꽤 신비스럽습니다. 아치형 액자 속에 아름다운 단풍 세상이 보이네요. 문 너머로 보이는 풍경은 마치 다른 세상 같은 느낌을 주기도 합니다. 빨려 들어갈 것처럼 암문을 통과하니, 자그마한 표지석이 있습니다. '시구문.' 안내문에는 병자호란의 치욕과는 또 다른 이야기가 적혀 있었습니다. 조선 말 천주교 박해 때 희생당한 순교자 한덕운(토마스), 김덕심(아우구스티노), 정은(바오로) 등 300여 분의 시신이 이 문을 통해 버려졌고, 그래서 이곳이 천주교인의 성지 순례 장소라는 설명이었습니다. 시구문屍口門은 시신을 내어 보낸다는 뜻으로, 제11암문을 부르는 다른 이름이기도 합니다. 그러니까 성의 안쪽과 바깥을 연결하는 이 암문이 순교자들의 삶과 죽음을 구분하는 문이기도 한 셈이었습니다.

가을과 겨울, 밖과 안, 그리고 삶과 죽음. 묘한 여운을 주는 남한산성의 제11암문 이야기였습니다.

돌과 철과 물과 콘크리트

돌과 철과 물과 콘크리트 @바우지움조각미술관, 고성, 2015
Canon EOS 40D, focal length 10mm, 1/100s, f/5.6, ISO 100

이번 사진의 제목은 '돌과 철과 물과 콘크리트'입니다. 윤동주 시인의 유고 시집에 대한 오마주hommage로 생각하실 수도 있겠지만, 제가 그렇게 문학적인 사람은 못 됩니다. 그저 사진에서 보이는 재료들을 쭉 열거한 수준이니까요.

돌과 철과 물과 콘크리트가 만나면 뭐가 될까요? 우리 주변에서 너무 흔하게 볼 수 있는 재료들이라 큰 기대는 안 되네요. 그런데 사실 같은 재료로 걸작이 만들어질 수 있고, 그저 그런 평범한 작품이 되기도 합니다. 정작 중요한 것은 '어떤 재료를 사용했느냐'보다 '이런 재료들을 어떻게 조화시키느냐'일 겁니다. 이번에 소개할 사진은 강원도 고성군에 위치한 '바우지움BAUZIUM조각미술관'의 모습입니다. 올여름에 개장한 개인 미술관인데, 치과의사분이 조각가인 부인과 함께 평생의 꿈을 실현한 곳으로, 최근 언론을 통해 소개되기도 한 곳입니다.

거친 돌들이 콘크리트 사이로 드러난 독특한 느낌의 벽체로 SNS상에서 나름의 명성을 얻고 있습니다. 서울에서는 좀 멀어서 언제나 가 볼 수 있을까 했는데, 마침 근처에서 열린 워크숍을 마치고 돌아오는 길에 방문했습니다. 막상 가 보니, 사진으로 보던 독특한 벽체 외에도 볼 게 많더군요. 세 동의 건물과 주변의 외부 공간이 서로 감싸 안 듯 배치되어 있어 각 공간을 넘어갈 때마다 새로운 경험을 할 수 있었고, 투명한 유리를 통해 건물의 전시 공간과 외부 공간이 긴밀하게 관계 맺고 있어서, 조각물과 외부 경관을 동시에 감상하는 기분도 아주 좋았습니다. 물론 전시관 너머로 보이는 울산바위는 단순한 배경을 넘어선 또 하나의 주인공이기도 했고요.

곳곳에 멋진 장면이 많아서 하나를 꼽기가 무척이나 힘들었습니다만, 그중 가장 인상적인 장소는 바로 이곳이었습니다. 경량 철골 구조의 전시관 앞에 넓게 펼쳐진 물과 주변을 둘러싼 거친 느낌의 벽체, 거기에 덤으로 멀리 보이는 소나무 숲의 모습까지. 철과 돌과 물과 콘크리트가 절묘하게 어우러진 바로 그 모습, 아름다운 주변 경관을 담은 물의 자연스러운 느낌과 철골과 콘크리트로 만들어진 인공적인 느낌이 서로 잘 섞인 상태라고 해야 할까요? 말로도 사진으로도 충분히 전해지지 못할 것 같지만, 균형이 만들어 주는 안정적인 느낌이 정말 좋았습니다.

저 모습을 지켜보면서 한참 동안 앉아 있었는데, 미술관 관장이신 조각가 부인께서 이런 저런 이야기를 전해 주셨습니다. 이 지역에 바위가 많아서 미술관 이름도 그렇게 지었다는 말씀, 실제로 터파기를 할 때 바위가 많이 나와서 자재로 썼다는 이야기, 처음엔 건축가 의견이 별로 내키지 않았지만 그 뜻대로 해서 결과가 좋았던 몇 가지 사례들, 그리고 명색이 조각미술관인데 정작 조각보다는 건축에 관심 있는 방문객들이 많았다는 푸념(?)까지. 비 오는 평일에 방문객이 거의 저 혼자라서 오히려 아주 즐거운 경험을 했습니다.

조각과 건축과 조경이 잘 조화를 이룬 작품을 보고 싶은 분들, 돌과 철과 물과 콘크리트로 만들어진 멋진 하모니를 경험하고픈 분들이라면 꼭 한번 들러 보시길 바랍니다. 역시 현장에서 직접 경험하시는 것이 좋습니다. 사진으로 전달하지 못한 게 너무 많거든요. 아! 가시는 길에 조금만 더 수고하셔서 동해 바다의 기운까지 받아 오시면 금상첨화겠네요.

모자이크 스케이프 @구 철원역, 철원, 2020

AndreaMosaic 3.39, 모자이크 합성

이번 사진은 어떤 걸 할까? 원고를 작성할 때마다 하는 고민이긴 하지만, 이번 사진은 좀 더 특별한 느낌이 드네요. '이미지 스케이프'는 2015년 3월 '이미지로 만나는 조경'이라는 이름으로 월간 『에코스케이프』에서 처음 연재를 시작했습니다. 습관처럼 SNS에 사진과 글을 올리던 제 모습을 지켜본 환경과조경 남기준 편집장이 연재 제안을 했었죠. 사진 한 장과 관련된 짧은 글을 쓰면 된다는 이야기를 별 고민 없이 덜컥 수락한 게 지금까지 이어지게 되었습니다. 연재하는 게 만만치 않다는 걸 깨닫기까지는 채 몇 달이 안 걸리더군요. 처음 시작할 때는 한 3년쯤 지나면 사진과 글이 어느 정도 쌓일 테니, 그걸로 개인적인 기념 책자라도 만들면 좋겠다 싶었습니다. 당연히 연재도 그때쯤 마무리할 생각이었고요. 그런데 습관이란 게 역시 무섭습니다. 3년이 지나고도 계속 '다음 달에는 무슨 사진으로 글을 쓰지?' 하며 고민하고 있었으니까요. 그렇게 시간은 계속 흘러 이번 글이 5년을 꽉 채운 60번째네요.

1-2-3-4-5-6으로 모두 나누어지는, 뭔가 완결된 느낌을 주는 숫자 60. 그래서 이번에는 그동안 '이미지 스케이프'에 소개했던 사진들을 모아 보고 싶었습니다. 사진들을 모두 모으면 그럴듯한 모자이크가 될 것 같았거든요. 그냥 사진들을 이어 붙이는 것보다 '사진 모자이크photographic mosaic' 기법을 활용해 작은 이미지들로 한 장의 큰 사진을 만들면, 의미 있겠다 싶었습니다. 연재된 사진들만으로는 큰 이미지 만들기에 부족해서, 그동안 찍었던 다른 사진들을 좀 더 추가했습니다. 가까이서는 잘 안 보일 수도 있는데 실눈(?)을 뜨고 좀 뒤로 물러서서 보면, 구 철원역에서 금강산 철도를 찍는 제 모습이 살짝 보일 겁니다.

아쉬운 말씀을 드려야 할 것 같네요. 이제 저는 이번 사진과 글로 '이미지 스케이프' 연재를 마무리하려고 합니다. 그동안 사진과 글을 통해 독자 여러분과 소통할 수 있어서 무척 즐거웠습니다. 막상 연재를 마치려고 하니, 섭섭하기도 하고 시원하기도 하네요. '이미지 스케이프'를 통해 잠시나마 휴식과 위안을 가진 적이 있다면, 저는 그걸로 충분히 만족합니다. 그동안 부족한 제 사진과 글에 관심 가져 주신 독자 여러분들, 정말 감사합니다.

Nodeul
Island